Johannes Freiherr v. Buttlar-Brandenfels wurde in Berlin geboren und ist in Australien aufgewachsen. Er studierte Psychologie und Philosophie, Astronomie, Physik und Mathematik und arbeitete am renommierten Institut für wissenschaftliche Informationen in Philadelphia. In seinen Werken befaßt er sich u. a. mit der Möglichkeit, das menschliche Leben zu verlängern, mit der Lichtgeschwindigkeit, der Quantentheorie, mit PSI-Phänomenen und psychologischen Phänomenen in der Beziehung der Menschen zueinander.
Mit einer Gesamtauflage von bisher 18 Millionen Exemplaren gehört er zu den fünf erfolgreichsten Sachbuchautoren der Welt.
Johannes von Buttlar lebt heute als freier Autor auf einem kleinen Schloß in Laudenbach bei Weikersheim.

Von Johannes v. Buttlar sind außerdem erschienen:

»Unsichtbare Kräfte« (Band 3828)
»Sie kommen von fremden Sternen« (Band 3889)
»Supernova« (Band 3984)

Vollständige Taschenbuchausgabe 1989
Droemersche Verlagsanstalt Th. Knaur Nachf., München
Lizenzausgabe mit freundlicher Genehmigung des Herbig Verlags

Umschlaggestaltung Manfred Waller
Umschlagfoto NASA
Druck und Bindung Ebner Ulm
Printed in Germany 5 4
ISBN 3-426-03930-3

Johannes v. Buttlar:
Leben auf dem Mars

Die Entdeckungen der NASA-Viking-Mission

Knaur®

Inhalt

1

Traumzeit zwischen zwei Welten

Ein ebenmäßiges menschliches Antlitz, umrahmt von einer Art Pagenfrisur; deutlich sichtbar ein Nasenrücken und tiefliegende Augen unter einer hohen Stirn; eine Träne auf der Wange, und um den Mund, halb im Schatten, ein melancholischer Zug.
Wessen Gesicht wurde da, gewaltig vergrößert, in Stein gehauen? Und wer hat es wann geschaffen?
Provozierende Fragen, die ungeheure Perspektiven eröffnen, denn das steinerne Antlitz schaut ja nicht von unserer Erde zum Firmament, sondern in den blaßroten Himmel einer anderen Welt.
Neben weiteren rätselhaften Strukturen wurden die im Durchmesser anderthalb Kilometer großen Gesichtszüge auf dem Mars entdeckt.
Steht uns etwa die größte Sensation des 20. Jahrhunderts bevor?

Als mir die NASA-Aufnahme der Viking-Mission zum ersten Mal vor Augen kam, war ich von der Ausstrahlung dieses Gesichtes zwar seltsam berührt, hielt es aber zuerst für ein natürlich entstandenes Gebilde. Denn der Mensch neigt ja dazu, in allen möglichen Formationen – Wolken, Gebirgszügen, Tapetenmustern usw. – Gestalten oder Gesichtszüge zu sehen. Dennoch, dieser »Marskopf« ließ mir keine Ruhe

mehr. Konnte eine solche symmetrische Struktur tatsächlich durch Witterungseinflüsse oder zum Beispiel Meteoriteneinschläge entstanden sein?
Ich mußte mehr wissen – mußte recherchieren. Dabei machte ich wieder einmal die Erfahrung, daß mir plötzlich von ganz unerwarteten Quellen faszinierende Hinweise über neue rätselhafte Entdeckungen auf dem Mars zugespielt wurden. Das Marsgesicht zog mich förmlich in das aufregendste Abenteuer meines bisherigen Lebens, und ich wurde mit wissenschaftlichen und technischen Glanzleistungen, mit Hypothesen, Intrigen und Geheimniskrämerei konfrontiert.
Das steinerne Gesicht auf dem Mars führte mich vom Ursprung bis in die ferne Zukunft der Menschheit. Vor allem aber stieß ich auf Erkenntnisse, die in eklatantem Widerspruch zu einer Reihe etablierter wissenschaftlicher Ansichten zu stehen scheinen.

Als ich dieses Antlitz zum ersten Mal sah, wurde ich an ein Erlebnis aus einer entscheidenden Periode meines Lebens in Australien erinnert.
1960 nahm ich an einer geologischen Expedition westlich des Kimberley-Hochlandes teil.
Es war Nacht im australischen Busch. Wir hatten unser Zeltlager aufgeschlagen, saßen am offenen Feuer, tranken starken schwarzen Tee und unterhielten uns.
Als alle wieder einmal schwiegen, glaubte ich, in der Ferne den monotonen Singsang einer menschlichen Stimme zu hören. Neugierig geworden, verließ ich den Lagerplatz und folgte den schwebenden Tönen in den Busch. Über den fahlhäutigen Eukalyptusbäumen

wölbte sich ein gewaltiger Sternenhimmel. Die Laute schienen zu verwehen, um dann um so stärker wiederzukehren.
Schließlich stand ich am Rande einer Lichtung. Meine Augen fielen auf eine Gruppe mächtiger Felsen, die den Platz im Halbkreis umschlossen. Davor flackerte ein kleines Feuer. Um die Flamme bewegte sich rhythmisch eine dunkle Gestalt und warf ihren riesigen Schatten auf die beleuchtete Felswand.
Plötzlich brach der australische Ureinwohner Gesang und Tanz ab und ließ sich mit gekreuzten Beinen am Feuer nieder. Nach anfänglichem Zögern setzte ich mich zu ihm.
Er war alt. Was nicht von struppigem Haar bedeckt war, glich zerbröckelnder Holzkohle. Nur die Augen lebten. Die Nase war breitflügelig, tief an der Wurzel eingekerbt. Auf die mit Ritualnarben übersäte, knochige Brust fiel ein zerraufter Bart. Eine Weile starrten wir schweigend ins Feuer. Dann fragte ich den Alten, warum er gesungen habe.
»Weil ich Regenmacher bin«, antwortete er in Pidgin-Englisch. »Ich singe, um Regen zu machen.« Und nach einer Weile: »Du suchst Guriguda.«
Verständnislos fragte ich, wovon er spreche. Der Aborigin stand auf, entzündete eine Fackel und bedeutete mir, ihm zu folgen.
Hinter einem Vorsprung in der Felswand zwängten wir uns durch einen schmalen Spalt, der in eine überraschend weitläufige Höhle führte. Zielstrebig ging der Alte zur linken Höhlenwand und beleuchtete sie mit der Fackel. Im flackernden Licht erkannte ich pastellfarbene Zeichnungen – Figuren und Symbole.

Hochgewachsene, europäisch anmutende Männer und Frauen, darunter auch astronautenähnliche Gestalten. Ich sah rätselhafte Spiralen, halbmondförmige Objekte mit angedeutetem Strahlenkreuz, undeutbare Hieroglyphen und immer wieder die Schlange als Symbol der »Traumzeit« bzw. einer fernen Vergangenheit.

Etwas weiter davon entfernt deutete der australische Ureinwohner auf sechs farbige Kreise an der Wand, einen großen gelben und, rechts davon auf einer Linie und in bestimmten Abständen, auf fünf weitere. Der erste dieser fünf war braun, der zweite weiß, der dritte blau, der vierte rot und der letzte grün. Den blauen und den roten Kreis verband ein Bumerang.

Als ich den Alten verständnislos ansah, wies er auf den Bumerang und sagte: »Danach suchst du.«

Er machte mir verständlich, daß vor undenkbar langer Zeit – in der »Traumzeit« – Guriguda-Menschen in einem großen Bumerang von dort kamen. Dabei zeigte er auf den roten Kreis: »Sie sind eine Weile bei uns geblieben.« Seine Finger wanderten zum blauen Kreis.

Als ich von ihm wissen wollte, wo »dort« ist, schob er mich zur Höhle hinaus und zeigte auf einen kleinen, rötlichen Lichtpunkt am Nachthimmel – Mars.

Das also war die Bedeutung der Kreise an der Höhlenwand, unsere Sonne mit den Planeten Merkur, Venus, Erde und Mars. Und der grüne Kreis? Damals hatte ich dafür keine Erklärung, denn Jupiter, der größte Planet unseres Sonnensystems wäre farblich sicher anders dargestellt worden, wenn man an die erstaunlich zutreffende Farbsymbolik für die anderen vier Planeten dachte. Und Guriguda-Menschen vom Mars sollten in der Traumzeit die Erde besucht haben? Ein wunderschönes, wenn auch absurdes Märchen – so schien es mir damals.

2

Mars-Mythen und -Legenden

Ich habe im Lauf meiner Forschungen viele Höhlenzeichnungen und Felsmalereien australischer Ureinwohner gesehen«, berichtet der Archäologe Dr. Rex Gilroy, Direktor des australischen Mount York Natural History Museums von New South Wales. »Bilder, auf denen astronautenähnliche Figuren festgehalten sind ... In den vergangenen sieben Jahren war es mir möglich, in einem Gebiet von mehreren Quadratkilometern die verschiedensten Untersuchungen über Steinmonumente, Steinkreise und andere Strukturen durchzuführen. Diese vermutlich astronomischen Zwecken dienenden Anlagen stammen aller Wahrscheinlichkeit nach nicht von den australischen Aborigines, sondern sind das Werk eines hochentwickelten, astronomisch bewanderten Volkes, das hier in vorgeschichtlicher Zeit gelebt haben muß.«

Nach uralten Überlieferungen der Aborigines kamen Lebewesen »in großen Vögeln vom Himmel« und landeten auf der Insel Neuguinea. Nahe der Küste errichteten sie die ersten, heute im Meer versunkenen megalithischen Steinmonumente. Für Aborigines sind diese Fremden die »Kulturbringer der Traumzeit«.

Im Verlauf seiner archäologischen Forschungen in Australien und Neuguinea stieß Gilroy nicht nur auf

rätselhafte Steinmonumente und Altäre, sondern völlig unerwartet auch auf Stein- und Erdpyramiden.
So wurden in Papua-Neuguinea, mitten im Urwald, fünf etwa dreißig Meter hohe, unvollendete Stufenpyramiden entdeckt und erst kürzlich im australischen Queensland, nördlich von Brisbane, ein Bauwerk, das mit den Neuguinea-Pyramiden völlig übereinstimmt. Achtzehn gleichmäßige Stufenterrassen von je 1,20 m Höhe und 2,40 m Breite führen zur dreißig Meter hohen Pyramidenspitze empor. Das auf eisenhaltigen Basaltsäulen errichtete Bauwerk wird von einem gewaltigen, zehn Tonnen schweren Monolithen gekrönt. Zwei weitere, aus Gesteinsbrocken errichtete Pyramiden wurden weiter nördlich auf demselben Längengrad wie die »Brisbane-Pyramide« gefunden. Etwa 210 Meter aufragend messen ihre vier Seiten an der Basis jeweils 450 Meter. Auch ein größeres Stück nördlich von Brisbane, in der Nähe von Rockhampton, gibt es eine aus Doloritgesteinsbrocken erbaute Pyramide. Nur an ihrer Westseite ragen noch ein paar sechseckige Basaltsäulen heraus. Vor der gesamten Westfront war eine dreißig Zentimeter hohe Terrasse mit einem Durchmesser von 35 Metern aus Doloritsteinen angelegt worden. Von dieser Terrasse zieht sich eine genau von Osten nach Westen ausgerichtete Kette von 54 Steinhügeln über einen Kilometer Länge hin. Gilroy vermutet in dieser großartigen Anlage eine Art Sternwarte.
Im Süden von Queensland wurden dagegen aus Erde aufgeschüttete Pyramiden gefunden. Drei von ihnen liegen in der Nähe von Toowoombar und sind fast dreihundert Meter hoch. Im südlichen New South

Wales und auch im Norden des Staates Victoria stieß man auf ähnliche Hügel.
Legenden der Aborigines erzählen von den »Kulturbringern«, welche diese Erdpyramiden errichtet hätten, um von dort aus den Himmel beobachten zu können. Das trifft auch auf die siebzig Meter hohe, südlich von Sidney stehende Pyramide zu, die ganz oben eine Plattform trägt. Auch von hier aus beobachteten die aus einer anderen Welt kommenden »Kulturbringer der Traumzeit« das Firmament, wissen Überlieferungen der Ureinwohner zu berichten.

Aber was haben diese australischen Monumente aus Stein oder Erde, diese Pyramiden, mit dem Mars zu tun?
Überlieferungen der Aborigines zufolge besteht wahrscheinlich ein Zusammenhang. Denn wie wäre sonst zu erklären, daß in ihren Höhlenmalereien und in Fels geritzten Zeichnungen immer wieder unser Sonnensystem festgehalten ist mit einer symbolisierten Verbindung zwischen Mars und Erde, wie sie mir zum Beispiel in den Kimberley-Bergen gezeigt wurden oder wie sie in Felsgravierungen in der Gegend von Alice Springs zu sehen sind.
Wenn wir uns mit den Mythen und Sagen der verschiedensten Völker der Erde eingehend befassen, kristallisieren sich seltsame Übereinstimmungen heraus: In Wort, Bild und in Form von steinernen Monumenten wird von Besuchern aus einer anderen Welt berichtet. Und in diesem Zusammenhang spielen anscheinend der Planet Mars und Pyramidenbauten eine Schlüsselrolle. Durch Ozeane, Gebirgsmassive, Wüsten und

Urwälder getrennt wurden in den verschiedensten Ländern Pyramiden entdeckt.
Entstammen Inspiration und Wissen ihrer Erbauer etwa einer einzigen Urquelle?

An den Ausläufern des chinesischen Hunan-Gebirgszuges, der sich im Laufe der Zeit abgesenkt hatte, liegt mitten im Dongting-See die Felsinsel Jotuo. 1959 wurde sie von einem Erdbeben heimgesucht. Aufgrund von Funden, die auf der Insel gemacht worden waren, entschlossen sich der Pekinger Archäologe, Professor Chi Pen-lai, Dozent für Altertumsforschung, in Begleitung seiner Assistenten Hui Chu-ting und Dr. Wu To-wai, der Sache vor Ort auf den Grund zu gehen. Die Wissenschaftler stießen bei der Untersuchung eines vor dreitausend Jahren mit Teilen der Insel im See versunkenen »Mauerwalls« auf unbekannte Höhlen im Inneren der Insel. Hinzugezogene Taucher fanden in dreißig Meter Tiefe ein in Granitfelsen hineinführendes Labyrinth.
An den glatten Wänden dieses Unterwasserlabyrinths wurden Ritzzeichnungen in erstaunlicher Vollkommenheit gefunden. Sie müssen vor Tausenden von Jahren mit äußerst scharfen Werkzeugen in das Gestein eingeritzt worden sein.
Auf einer deutlich erkennbaren Jagdszene verfolgen Männer mit Blasrohren offensichtlich flüchtendes Wild, während nach einer Rekonstruktionszeichnung andere in merkwürdigen Flugmaschinen aus der Luft mit modern anmutenden Waffen auf die Tiere zielen.
Auf einer anderen, für uns besonders interessanten Eingravierung sind um eine Kugel im Zentrum zehn

andere, kleinere Kugeln in unterschiedlichen Abständen eingeritzt. Die dritte und die vierte Kugel werden, von der Mitte aus gesehen, durch eine Schlangenlinie verbunden. Diese Darstellung erinnert unwillkürlich wieder an unser Sonnensystem – wären da nicht zehn Kugeln. Schließlich sind uns ja nur neun Planeten, und das erst seit relativ kurzer Zeit, bekannt. Oder gab es vielleicht einmal einen zehnten?
Es ist erstaunlich, daß der prähistorische Künstler vor sage und schreibe 45 000 Jahren – denn auf dieses Alter wurden die Bilder geschätzt – das kopernikanische System vorwegnahm, wonach die Planeten um die Sonne kreisen. Vor Kopernikus (1473–1543) glaubte man ja, daß alle Gestirne, die Sonne eingeschlossen, um die flache Erde kreisten, von deren Rand man herunterstürzen konnte.
Die Schlangenlinie als Verbindung von der dritten zur vierten Kugel erinnert natürlich an die australische Höhlenzeichnung in den Kimberley-Bergen, auf der die Erde (3. Planet) und Mars (4. Planet) durch einen Bumerang verbunden sind.

Da das Erdbeben von 1959 um die Felsinsel Jotuo auch Auswirkungen im weiter entfernten »Tal der Steine«, auch »Granit-Tal« genannt, hatte und dort Einstürze bewirkte, bei denen die Reste von Rundpyramiden zum Vorschein kamen, reiste Prof. Chi Pen-lai mit seinem Team zwei Jahre später, im Sommer 1961, auch dorthin. Nach Vermessung der Pyramidenfundamente stellte sich heraus, daß die Bauwerke ursprünglich über 300 Meter hoch gewesen sein mußten, also mehr als doppelt so hoch wie die berühmte ägyp-

tische Cheops-Pyramide, die »nur« 150 Meter hoch ist. Das Alter der chinesischen Pyramiden im Granit-Tal schätzen die Archäologen wiederum auf ca. 45 000 Jahre.
Professor Chi Pen-lai und seine Assistenten stießen bei ihrem Forschungsunternehmen an den Pyramiden auf ungeahnte Schwierigkeiten, als sie vorsichtig in die glattpolierten, röhrenartigen Gänge eindrangen. Denn unerklärlich feiner, stahlhart zusammengepreßter Granitstaub hinderte die Freilegung erheblich und machte auf die Wissenschaftler den Eindruck einer bewußten »Versiegelung«.

In meinem Buch »Schneller als das Licht« habe ich bereits von der merkwürdigen Entdeckung chinesischer Wissenschaftler in den Felshöhlen des Bayan-Kara-Ula-Massivs berichtet. Der österreichische Schriftsteller Peter Krassa ist für sein Buch »Und kamen auf feurigen Drachen« sogar nach China gereist, um die Echtheit dieser Entdeckungen zu recherchieren.
Es begann im Jahre 1938, als eine Expedition chinesischer Archäologen unter Leitung von Dr. Chi Pu-tei in diesen Höhlen an der Grenze zwischen China und Tibet auf zahlreiche Gräber stieß. In einigen, die geöffnet wurden, befanden sich Skelette, die von kleinwüchsigen, zierlichen humanoiden Wesen mit erstaunlich großen Schädeln stammten. Für die Wissenschaftler sprach einiges für eine ausgestorbene Zwergrasse.
Berichten zufolge lebte in dieser Gebirgsgegend vor langer Zeit einmal ein Volksstamm, der ethnologisch

nicht eingeordnet werden konnte – die Dropas, wie sie sich nannten.
Sie sollen als Erwachsene höchstens 1,30 Meter groß gewesen sein und hielten sich zeitlebens im Bayan-Kara-Ula-Gebiet auf. Wie überliefert wird, haben sie jeden Kontakt mit anderen Gebirgsbewohnern streng vermieden.
Dieser Volksstamm ist ausgestorben.
Wenn sich die Pekinger Archäologen schon über die Skelette den Kopf zerbrachen, so gaben ihnen die Grabbeigaben weit größere Rätsel auf. Sie konnten sich beim besten Willen keinen Reim machen, was es mit den zwei Zentimeter dicken Granitscheiben mit einem Durchmesser von dreißig Zentimetern und einem Loch in der Mitte auf sich hatte. Zusätzlich waren sie mit unbekannten Schriftzeichen bedeckt, die sich von der Mitte aus bis zum Scheibenrand spiralförmig hinzogen. Der Fund bestand aus 716 solcher Scheiben. Sie wurden nach Peking gebracht und dort Sprachforschern zur Entzifferung übergeben.
Vergeblich.
Nachdem Wissenschaftler sich 1962 erneut mit den rätselhaften Schriftzeichen befaßt hatten, regten sie die Universität Peking zu einer nochmaligen Untersuchung an. Diesmal gelang es Professor Tsum Um-Nui und seinem Team, die Hieroglyphen teilweise zu entziffern. Doch die Veröffentlichung ihrer Arbeit wurde den Forschern von der Universität Peking ohne Angabe von Gründen untersagt.
Erst nach langem Hin und Her erhielten die Gelehrten schließlich doch noch die Erlaubnis dazu. Doch schon der Titel der von Tsum Um-Nui verfaßten Facharbeit

»Inschriften in Verbindung mit vor zwölftausend Jahren existierenden Raumschiffen« löste in Fachkreisen erneut hitzige Kontroversen aus, um gar nicht erst vom entzifferten Text zu sprechen, der die Gemüter noch mehr in Aufruhr versetzte:
»Die Dropas kamen mit ihren Fluggleitern aus den Wolken herab. Die Männer, Frauen und Kinder der Chams (einem ansässigen Volksstamm) mußten sich, bevor die Sonne aufging, bis zu zehnmal in den Höhlen verstecken. Endlich verstanden sie, daß die Dropas in friedlicher Absicht kamen.«
Nach Tsum Um-Nui deuten andere Hieroglyphen auf eine Notlandung auf dem Bayan-Kara-Ula-Hochplateau hin, bei der die Dropas ihr Raumschiff verloren haben und nicht in der Lage waren, dort ein anderes zu bauen.
Ende der dreißiger Jahre war ein Fachartikel erschienen, in dem Professor Chi Pu-tei unter anderem auch über die Höhlenzeichnungen von Bayan Kara Ula berichtet hatte. »Uns fielen eigenartige Ritzzeichnungen mit einem rätselhaften Motiv auf«, schrieb der Wissenschaftler. »In die Höhlenwände eingeritzt waren deutlich erkennbare Darstellungen von Sonne, Mond und den neun Planeten unseres Sonnensystems. Zwischen den Gestirnen schienen erbsengroße *Kugeln* eine Verbindungslinie zur Erde darzustellen.«

Vor einigen Jahren hatte ich das Glück, mit dem malaiischen Völkerkundler Professor Ang Nin-Kah zusammenzutreffen. Im Verlauf unseres Gesprächs erzählte er mir von seinen Recherchen über die Steinscheiben von Bayan Kara Ula. Er habe sie gesehen und

mit Sprachforschern gesprochen, die an der Entschlüsselung der Hieroglyphen gearbeitet hätten. Dabei sei auch die Herkunft der Dropas zur Sprache gekommen. Auf meine Frage, woher sie stammen könnten, erhielt ich zur Antwort, daß der bisher entschlüsselte Bericht auf den zwölftausend Jahre alten Granitscheiben auf den Mars hinweise.
Mythos, Legende, Märchen?
Kommen wir noch einmal auf Peter Krassa und seine Recherchen in China zurück. Er schreibt: »Meine Sherlock Holmes-Tätigkeit, dem Ursprung der Steinscheiben auf die Schliche zu kommen, brachte mich keinen Schritt weiter. Doch dann schien mich das Schicksal plötzlich zu begünstigen. Ich war ganz unverhofft auf eine Spur der Granitscheiben gestoßen. Ausgerechnet in Wien.
Beim Durchstöbern des Archivs des Völkerkunde Museums stieß ich auf ein 1957 in Peking erschienenes Buch über die Ausgrabungen chinesischer Archäologen. Das Werk war illustriert, und ich glaubte meinen Augen nicht trauen zu dürfen. Da leuchtete es mir förmlich entgegen – ein kleines Schwarzweißfoto, darauf abgebildet eine jener rätselhaften Steinscheiben.
Schriftzeichen und ein Loch in der Mitte – ähnlich wie bei einer Schallplatte – waren eindeutig zu erkennen.«
Leider stellte sich später heraus, daß es sich um Jadescheiben handelte.

Dr. Carlos Manes Bandeira, Professor für Archäologie an der Estacio-da-Sá-Universität von Rio de Janeiro, stellte fest, daß es in den Riten, Mythen, Legenden,

Bräuchen und Kulturgegenständen der altamerikanischen Indianerkulturen zahlreiche Hinweise auf Verbindungen mit »Besuchern aus dem Himmel« gibt. Besonders in Brasilien existiert eine Fülle von Felszeichnungen und Höhlenmalereien, die neben fremdartig erscheinenden Gestalten, die wir heutzutage als Menschen in Raumanzügen beschreiben würden, eine Unzahl astronomischer Symbole aufweisen.
So wurden bei Poso Grande, Gemeinde Pedra Lavrada, große Gneisblöcke gefunden, in die Ellipsen und geometrische Linien eingeritzt sind, die Sternkonstellationen versinnbildlichen. Darunter ist die Darstellung des Planeten Mars allerdings von besonderem Interesse. Denn hier ist Mars nicht nur als Planet dargestellt, sondern es sind sogar Merkmale seiner Oberfläche festgehalten.

»Der Mars ist eine Welt der Überraschungen und Wunder«, sagt der amerikanische Exobiologe Carl Sagan. »Und was uns die Zukunft über ihn enthüllen wird, ist wahrscheinlich weit aufregender als alle unsere früheren Vorstellungen.«

3

Planet der Irrungen

Uns Menschen hat der Mars von jeher besonders fasziniert.

In der Antike war er Hauptgott der Italiker und Römer, Gott des Krieges, aber auch Beschützer der Fluren und des Wachstums, dem in besonderer Not ein »heiliger Frühling« geweiht wurde.

Der vierte Planet unseres Sonnensystems, unser roter Nachbar, hat die menschliche Phantasie seit eh und je angeregt. Im Lauf der Zeit wurden neben den unsinnigsten Vermutungen gleichzeitig auch Feststellungen über Mars verbreitet, die dem Kern der Wahrheit verblüffend nahekommen.

So wird zum Beispiel schon in der über zweitausendfünfhundert Jahre alten »Ilias« des Homer von den beiden Begleitern des Marsgottes – Phobos und Deimos (Furcht und Schrecken) – berichtet. Aber diese beiden winzigen Marsmonde wurden erst 1877 von Asaph Hall, dem damaligen Direktor des Marine-Observatoriums in Washington, entdeckt.

Die *uns* bekannte Marsforschung setzte eigentlich erst mit dem extravaganten dänischen Astronomen Tycho Brahe (1546–1601) ein. Vor der Erfindung des Fernrohrs war Brahe der bedeutendste beobachtende Astronom. Er hat bei Beobachtungen mit dem bloßen Auge die bestmögliche Genauigkeit überhaupt erreicht. Allein aufgrund seiner Untersuchungen der Planetenpositionen – insbesondere der des Mars – wurden die Voraussetzungen für seinen Schüler und Nachfolger, den deutschen Astronomen Johannes Keppler (1577–1630), über die elliptischen Bahnen der Planeten geschaffen.

Vor Keppler hatten sich die Astronomen noch das verhältnismäßig bescheidene Ziel gesetzt, die Bewegungen der Planeten genau zu beschreiben. Ihnen genügte eine einfache geometrische Darstellung der Planetenbahnen.

Erst durch Keppler erfuhr das kopernikanische Weltbild, in dem die Planeten um die Sonne kreisen, die entscheidende Vervollkommnung. Als Hofastronom Kaiser Rudolfs II. kam Keppler nach gründlicher Analyse der Mars-Ortsbestimmung zu dem Schluß, daß die Mars-Bahn wie auch die der anderen Planeten elliptisch verläuft.

Neben vielen anderen astronomischen Schriften hinterließ Keppler der Nachwelt auch die Lösung eines von Galilei stammenden Anagramms (Buchstabenversetzrätsel): »Salve umbistineum geminatum Martia proles«, zu deutsch: »Sei gegrüßt, du Zwillingssproß des Mars.« Wieso wußte Keppler von den erst etwa zweihundertfünfzig Jahre später entdeckten Marsmonden?

Bis zur Erfindung des Teleskops war Mars für die Astronomen nur ein kleiner, leuchtender Punkt am Nachthimmel. Aber mit der Einführung des Teleskops eröffneten sich für die Astronomie im wahrsten Sinne des Wortes völlig neue Perspektiven. Als der holländische Brillenmacher Hans Liperskeley 1608 rein zufällig auf eine bestimmte Anordnung von Linsen stieß, die buchstäblich eine »Überwindung« von Entfernungen ermöglichte, konnte niemand das ganze Ausmaß dieses Zufalls auch nur ahnen.

So konnte zum Beispiel der niederländische Physiker und Mathematiker Christian Huyghens (1629–1695) auf dem Mars eine dunkle, dreieckige Zone entdecken, die er Syrtis Major (große Sandbank) taufte. Durch die Beobachtung der Positionsveränderung von Syrtis Major gelang ihm der Nachweis, daß sich der Mars in rund 24,5 Stunden einmal um die eigene Achse dreht. Der heute errechnete Wert liegt bei 24,623 Stunden.

Da der Mars weiter von der Sonne entfernt ist als die Erde, legt er auch eine längere Strecke um die Sonne zurück. Außerdem bewegt er sich langsamer fort als die Erde. Ein Marsumlauf dauert 687 Erdentage oder 1,88 Erdenjahre; das entspricht 668,61 Marstagen. Von allen uns bekannten Planeten des Sonnensystems hat der Mars als einziger eine Rotationsperiode, die ähnlich lang wie die der Erde ist. Übrigens bewies Wilhelm Herschel bereits 1781, daß die Rotationsachsen beider Planeten einen ähnlichen Neigungswinkel haben.

So verursacht die Neigung der Erdachse um 23,45 Bogengrade gegen die Senkrechte Frühling und Sommer auf der nördlichen Halbkugel, wenn sich der Nordpol der Sonne zuneigt. Von ihr abgewendet, bedeutet es Herbst und Winter. Auf der südlichen Halbkugel herrschen dementsprechend die entgegengesetzten Jahreszeiten.

Die Polarachse des Mars neigt sich um 25,17 Grad

gegen die Vertikale. Diesen Wert erhielt Herschel durch präzise Aufzeichnungen von Positionsverschiebungen markanter Bezugspunkte der Marsoberfläche. Es gibt also auch auf dem Mars Jahreszeiten. Allerdings sind sie fast doppelt so lang wie bei uns.
1784 entdeckte Herschel einen weiteren Punkt, in dem sich die Erde und der Mars ähnlich sind: Beide Planeten haben eisbedeckte Polkappen. Von allen Planeten in unserem Sonnensystem gleichen sich der Mars und die Erde am meisten, zumal auch der Mars eine Atmosphäre besitzen mußte, wie Herschel erkannte.
Langsam begannen die Astronomen, Marskarten anzufertigen; sie versuchten, erkennbare hellere und dunklere Flecken sowie Linien auf der Marsoberfläche kartographisch wiederzugeben. Das war keine leichte Aufgabe bei der dünnen, dennoch lichtbrechenden Atmosphäre des Planeten.
Die erste Marskarte entstand 1830 durch den deutschen Astronomen Wilhelm Beer. Sie zeigt ein Muster von dunkleren und helleren Stellen. Die dunkleren Regionen interpretierte Beer als Gewässer, während er die helleren als Landmassen betrachtete. Doch je mehr Astronomen mit eigenen Marskarten aufwarteten, um so größer wurde die Unsicherheit.

1877 kam die Wende. In diesem Jahr stand wieder einmal die relativ seltene Konstellation einer maximalen Annäherung zwischen dem Mars und der Erde bevor. Diese Konstellation machte sich der italienische Astronom Giovanni Schiaparelli zunutze, um eine neue Marskarte zu erstellen. Sie unterschied sich von allen bisherigen grundlegend, wurde in Fachkrei-

sen schließlich anerkannt und blieb für fast hundert Jahre maßgebend.
Schiaparelli hatte auf der Marsoberfläche dunkle Linien entdeckt, die jene Regionen miteinander zu verbinden schienen, die von Beer als Meere interpretiert worden waren. Schiaparelli taufte diese Verbindungslinien zwischen zwei Gewässern »canali«. Eine Bezeichnung, die in der italienischen Sprache sowohl auf natürliche Wasserwege als auch auf künstlich angelegte zutrifft. In anderen Sprachen werden jedoch ausschließlich künstlich errichtete Wasserstraßen als Kanäle bezeichnet. Und diese Interpretation der »canali« setzte sich weltweit durch: Der Mars hatte also künstlich errichtete Kanäle!
Kein Wunder, daß Schiaparellis Marskarte das allgemeine Interesse am roten Planeten wieder weckte. Es bestand längst kein Zweifel mehr darüber, daß sich Mars und Erde in vieler Hinsicht gleichen.
Da der Mars kleiner ist und daher auch ein schwächeres Gravitationsfeld besitzt als die Erde, gingen die Astronomen davon aus, daß sich dort weder eine erdähnliche Atmosphäre noch Wasser auf der Oberfläche halten konnten. Falls es beides jemals gegeben hatte, konnten sich Atmosphäre und Wasservorkommen im Lauf von vielen Millionen Jahren verflüchtigt und die Austrocknung des Planeten zur Folge gehabt haben.
So entstand in der menschlichen Vorstellung als Folge von Schiaparellis »künstlichen« Wasserstraßen das Bild einer intelligenten, technologisch hochentwikkelten Marszivilisation, die eine weit ältere Geschichte hat als wir. Dem Tod geweiht, weil ihre Heimatwelt vertrocknete, schuf sie in letzter Not enorme

Kanalsysteme. Das dringend benötigte Wasser wurde vom letzten Reservoir des Planeten, den Eiskappen der Pole, ins trockene Land geleitet. Diese Ansicht wurde fast ein Jahrhundert lang von vielen Menschen und einer Reihe von Astronomen geteilt.

Übrigens nutzte auch Asaph Hall die Maximalannäherung des Mars. Es kann nämlich alle 32 Jahre zu einer Konstellation kommen, bei der Mars und Erde nur 48 Millionen Kilometer voneinander entfernt sind. Und das war, wie gesagt, 1877 der Fall. Hall nahm diese verhältnismäßig seltene Gelegenheit wahr, um die nähere Umgebung des roten Planeten nach Begleitmonden zu erforschen. Bisher war jede Suche danach vergeblich verlaufen. Hall überlegte sich, daß eventuelle Marsmonde sehr klein sein müßten, ihren Planeten in engen Bahnen umkreisen würden und im Widerschein seines Lichts kaum auszumachen wären.
So verbrachte er seine Nächte nicht im Bett, sondern am Fernrohr. Als er bis zum 11. August 1877 nichts entdeckt hatte, wollte er die »Flinte ins Korn werfen«. Seine Frau jedoch meinte, daß es nun auf eine Nacht mehr oder weniger auch nicht mehr ankäme. Hall ließ sich überreden. Und diese Nacht belohnte ihn mit der epochemachenden Entdeckung zweier winziger Monde, die ihren Planeten eng umkreisen. Auf Homer zurückgreifend nannte er sie Phobos und Deimos.

Inzwischen gingen die phantasiereichen Spekulationen über eine Marszivilisation weiter.
Als besonders einflußreicher Astronom beschäftigte

sich der Amerikaner Percival Lowell (1855–1916) mit diesem Gedanken. Er gehörte einer prominenten Bostoner Familie an und benützte sein erhebliches Vermögen, um in Arizona ein Privatobservatorium zu bauen, da dort die trockene Wüstenluft und das Fehlen von Großstadtlichtern eine ausgezeichnete Sicht ermöglichten. Das Lowell-Observatorium wurde 1894 in Betrieb genommen. Fünfzehn Jahre lang widmete sich Lowell intensiv dem Studium des Mars und machte Tausende von Aufnahmen. Er entdeckte noch mehr Kanäle als Schiaparelli und legte detaillierte Marskarten an, die schließlich über fünfhundert Kanäle einschlossen. Er zeichnete an den Kreuzpunkten der Linien Oasen ein, hielt fest, wie sich die einzelnen Linien bestimmter Kanäle manchmal zu verdoppeln schienen, und studierte die sensationellen Veränderungen von Licht und Dunkel, die den jahreszeitlichen Wechsel in diesen – wie er glaubte, landwirtschaftlich genutzten – Regionen zu kennzeichnen schienen. Denn Lowell war von der Existenz einer fortgeschrittenen Marszivilisation überzeugt.
Es störte ihn nicht im geringsten, daß andere Astronomen die Kanäle nicht so sahen wie er. Selbstbewußt verwies er darauf, daß es nirgendwo sonst bessere Voraussetzungen zur Beobachtung gäbe als in Arizona und daß er sich sowohl eines ausgezeichneten Teleskops als auch entsprechender Augen erfreue!
1894 veröffentlichte er sein erstes Buch über den Mars und vertrat darin die These, der Mars sei ein uralter, langsam sterbender Planet, den eine Zivilisation fortgeschrittener Ingenieure durch ein gigantisches Bewässerungssystem trachteten am Leben zu erhalten.

Die Vegetationsstreifen an beiden Kanalseiten des weitverzweigten Netzes seien von der Erde aus erkennbar.

Lowells Auffassung einer hochzivilisierten Marsbevölkerung wurde schließlich durch den englischen Schriftsteller H. G. Wells dramatisch verwertet. Mit seinem 1897 veröffentlichten Science-Fiction Roman »Krieg der Welten« entfachte er ein regelrechtes Marsfieber. Denn Wells kreierte mit Fangarmen ausgestattete Marsmonster, welche die Erde überfallen, um neuen Lebensraum zu erobern. Im Gegensatz zu bisherigen Erzählungen über friedliebende Außerirdische, die der Erde zur Beobachtung einen Besuch abstatten, beschreibt sie Wells als Angreifer, die, von ihrem sterbenden Planeten auf der Flucht, die üppige Erde mit ihren reichlichen Wasservorräten erreichen und entschlossen sind, diese als neue Heimat zu erobern. Sie sehen in den Erdbewohnern eine Art von Tieren, die ohne Bedenken beseitigt werden können. Obwohl die Menschen keine Möglichkeit haben, sich ernsthaft gegen die ihnen weit überlegenen Marsianer zu wehren, werden diese letztlich bezwungen. Allerdings nicht durch die Bewohner der Erde, sondern durch irdische Infektionskrankheiten, gegen die ihnen die Abwehrkräfte fehlen.
Dieser Roman bewirkte, daß viele Menschen ein halbes Jahrhundert lang glaubten, eine Invasion der Erde vom Mars würde zu einer Ausrottung der Menschheit führen.

Als zum Beispiel der inzwischen verstorbene Orson

Welles diesen Roman am 30. Oktober 1938 in Form einer genial inszenierten »Life«-Reportage über Hörfunk ausstrahlte, ließ er Marsbewohner in New-Jersey landen.
»Meine Damen und Herren«, vernahmen etwa sechs Millionen verunsicherte Zuhörer, »die seltsamen Lebewesen, welche in New Jersey auf einem Feld gelandet sind, bilden die Vorhut einer angreifenden Armee vom Mars...« Wer die Geschichte von Anfang an verfolgt hatte, wußte, daß er eine Science-fiction-Sendung hörte. Aber viele schalteten sich erst später in die Sendung ein und glaubten tatsächlich, Marsianer seien auf der Erde gelandet. Überraschend viele Amerikaner hatten nicht den geringsten Zweifel, daß diese Invasion echt war. Ein Chaos brach aus, als Autoschlangen auf der Flucht vor den Eindringlingen die Straßen blockierten.
Ein erstaunliches Beispiel dafür, daß eine große Zahl von Menschen die Existenz außerirdischer Intelligenz nicht in Frage stellt.

In der breiten Öffentlichkeit fand Lowells Theorie über die Marskanäle zwar Anklang, wurde jedoch von den meisten Astronomen bezweifelt. Viele beteuerten, trotz sorgfältigster Beobachtung niemals Kanäle auf dem Mars gesehen zu haben. Lowells hochtrabende Feststellung, daß ihre Augen und Teleskope an Leistungsfähigkeit zu wünschen übrigließen, war höchstens dazu angetan, den eigenen Standpunkt um so mehr zu verteidigen.
Der amerikanische Astronom Eduard Emerson Barnard (1857–1923) war ein besonders engagierter Be-

obachter. In Fachkreisen hatte er den Ruf, der Astronom mit den schärfsten Augen zu sein. 1892 entdeckte er den winzigen fünften Jupitermond. Es waren schon »Adleraugen« nötig, um diesen von der Helligkeit seines Planeten überstrahlten Satellitenzwerg zu erkennen.

Der überaus scharfsichtige Barnard behauptete nun, daß ihm trotz seiner gründlichen Beobachtungen niemals Marskanäle vor Augen gekommen seien. Er erklärte rundheraus, das Ganze sei eine optische Täuschung, denn durch Überanstrengung der Augen würden sich oftmals unregelmäßige dunkle Flecken zu geraden Linien verbinden.

Auch Walter Maunder von der britischen Sternwarte in Greenwich hielt die »Marskanäle« für eine optische Täuschung. Zum Beweis seiner Behauptung führte er 1913 einen Test mit Schulkindern durch. Er zeigte ihnen eine mit unregelmäßig angeordneten, gemusterten und verwischten Farbflecken ausgefüllte Fläche innerhalb eines Kreises aus einer Entfernung, in der diese Bilder nur noch undeutlich zu erkennen waren. Dann mußten die Kinder nachzeichnen, was sie sahen. Das Ergebnis war eine Häufung gerader Linien ähnlich den Lowellschen »Kanälen«.

1926 gelang es zwei amerikanischen Astronomen erstmals durch neuentwickelte Infrarotdetektoren Temperaturen auf dem Mars zu untersuchen. Diesen Messungen zufolge schien die Temperatur am Äquator des Planeten zeitweilig über den Schmelzpunkt von Eis anzusteigen. Die Äquatorialtemperaturen konnten danach hin und wieder sogar 25 °C erreichen. Da die

Nachtseite des Planeten stets von der Erde abgewendet ist, konnten die Messungen erst am frühen Marsmorgen an der westlichen Kante der Marskugel fortgesetzt werden, wo die Oberfläche sich gerade aus dem nächtlichen Dunkel ins Dämmerlicht wendet. Nach zwölfeinviertel Stunden Nacht ergab sich im Verhältnis zur zuletzt durchgeführten Messung ein Temperatursturz bis auf ca. −80 °C. Solche Temperaturen waren für fließendes Wasser einfach zu kalt. Es konnte nur in Form von Eis existieren. Davon ausgenommen schien eine schmale Zone um den Äquator.
Noch problematischer war der große Unterschied zwischen den Temperaturen in der Morgendämmerung und am Mittag. Er ließ vermuten, daß die Atmosphäre des Planeten noch viel dünner ist, als bisher angenommen wurde.
Vergleichen wir die Atmosphäre einmal mit einer Decke, die Wärme speichert und wieder abgibt: Je dünner sie ist, um so schneller wird es darunter warm oder kalt. Besonders schwerwiegend ist bei einer dünnen Atmosphäre, daß sie ultraviolette Sonnenstrahlen nicht oder so gut wie nicht absorbiert. Aus diesem Grund wird die Marsoberfläche ständig von gefährlicher Strahlung jeder Art bombardiert.
Uns reicht die verhältnismäßig dichte Erdatmosphäre völlig aus, um die Erdoberfläche vor der vollen Wirkung dieser Strahlen zu schützen. Da Mars weiter von der Sonne entfernt ist als die Erde, trifft ihn zwar auch eine geringere Konzentration schädlicher Strahlen. Doch durch die dünne Atmosphäre ist seine Oberfläche einer viel höheren Strahlenmenge ausgesetzt.
Als die Infrarotstrahlung des Mars in den vierziger

Jahren analysiert wurde, konnte auch die Zusammensetzung der Marsatmosphäre untersucht werden. 1947 stellte der aus Holland stammende amerikanische Astronom Gerard Peter Kuiper (1905–1973) fest, daß die Marsatmosphäre vorwiegend aus Kohlendioxid, einem Minimum an Wasserdampf und keinerlei Sauerstoff besteht. Wegen des offensichtlich eiskalten Klimas auf Mars stellten sich einige Astronomen damals die Frage, ob es dort überhaupt Wasser gebe und die Eiskappen der Pole statt dessen nicht etwa aus gefrorenem Kohlendioxid bestünden.

In Anbetracht der Tatsache, daß der geheimnisvolle rote Planet von einer dünnen Kohlendioxid-Atmosphäre umgeben war, seine Oberfläche gefährlichen Strahlen ausgesetzt und Eiseskälte herrschte, schien es unwahrscheinlich, daß sich auf Mars intelligentes Leben entwickelt haben konnte.
Damit kamen auch die so lange befürworteten Kanäle wieder ins Zwielicht. Denn, falls es sie überhaupt gab, konnte es sich ja auch um Naturphänomene handeln und nicht um die Anlagen einer technischen Hochzivilisation.

In der Meinungsbildung über den Mars hat es schon viele Wandlungen gegeben. Noch im Jahr 1901 war beispielsweise in einem französischen Wettbewerb ein Preis für jenen Erdbewohner ausgesetzt worden, der als erster mit einem Außerirdischen Kontakt aufnehmen würde. Aber Marsianer wurden vorsorglich ausgeschlossen, da, so befand das Organisationskomitee damals, die Aufgabe sonst zu leicht wäre.

Und was war aus den jahreszeitlich bedingten Farbveränderungen auf dem Mars geworden, die der französische Astronom E. L. Trouvelot beobachtet und mit einer Marsvegetation in Verbindung gebracht hatte? Da dieser Farbwechsel an den Marspolen einsetzt und sich von dort langsam über den Planeten ausbreitet, war für Trouvelot die Effektivität der Marskanäle bewiesen.
Aufschluß über die wahre Beschaffenheit des roten Planeten konnten nur fortschrittlichere Technologien, insbesondere Raumsonden bringen.

4

Mariner

Am 1. November 1962 startete die erste automatische interplanetarische Sonde der Sowjets zum Mars.
Die Sowjets hatten den Bahnverlauf dieser Sonde – Mars 1 – so festgelegt, daß der Flug bei minimalem Treibstoffverbrauch in 232 Tagen zurückgelegt werden konnte.
Der Start verlief präzise, und die während des Fluges durchgeführten Berechnungen zeigten an, daß die Sonde ihr Ziel – den 220 Millionen Kilometer von der Erde entfernten roten Planeten – am 19. Juni 1963 in einer Entfernung von knapp 200 000 Kilometern passieren würde.
Mars 1 war rund 3,25 Meter hoch und 1,10 Meter im Durchmesser. Mit seinen herausragenden Solarzellenflügeln und Antennen maß er sogar über vier Meter im Durchmesser und wog 984 Kilogramm, 225 Kilogramm mehr als die vor ihr gestartete amerikanische Sonde Venus 1.
Mars 1 hatte zwei versiegelte Kammern. Eine davon enthielt die »Flugausrüstung«, das heißt, die Korrekturrakete, das Wärmeregulierungssystem und wissenschaftliche Instrumente; die andere beherbergte Meßinstrumente, die erst in Marsnähe in Betrieb gesetzt werden sollten.
Zur optimalen Betriebsfähigkeit der technischen Aus-

rüstung wurde an Bord eine Temperatur zwischen 20° und 30 °C und ein Druck von 850 Millibar aufrechterhalten.
Für die Mars 1-Sonde war der Bahnverlauf absichtlich durch die drei Strahlengürtel der Erde gewählt worden, um wichtige Daten zu erhalten.
Die wissenschaftliche Ausrüstung der Sonde bestand aus:

1. einer Fernsehkamera, um die Marsoberfläche aufzunehmen;
2. einem Spektrometer für die Aufspürung organischer Materie auf der Planetenoberfläche;
3. einem Spektrographen für die Erfassung einer eventuell vorhandenen Ozonschicht der Marsatmosphäre;
4. einem Magnetometer zur Messung eines eventuell vorhandenen Magnetfelds;
5. Meßinstrumente für das Studium von Strahlengürteln um den Planeten und kosmischer Strahlung;
6. einem Radioteleskop zum Empfang von Radiowellen aus dem All;
7. Meßinstrumente, um die Aufprallstärke von Meteoriteneinschlägen zu registrieren.

Zusätzlich war die Marssonde mit verschiedenen Antennen ausgestattet, insbesondere mit einer Parabolantenne, die genau auf die Erde ausgerichtet werden konnte. In der Sowjetunion wurden die ausgestrahlten Signale von einer neu erbauten Radioteleskopanlage mit Antennenschlüsseln von je zwölf Metern Durchmesser aufgefangen.
Während der fünf Monate nach dem Start übermit-

telte die Sonde in mehr als sechzig Phasen erfolgreich Daten.
Am 21. März mußte der Bahnverlauf von Mars 1 korrigiert werden. Nach Abschluß dieser Operation sollte die Sonde wieder in ihrer ursprünglichen Stellung stehen, damit ihre Peilantenne erneut auf die Erde ausgerichtet war. Im Verlauf dieses Manövers gab es jedoch eine technische Fehlfunktion. Es ging zwar nur um eine Kleinigkeit, aber wegen der enormen Entfernung wurde die Verbindung zur Erde unterbrochen. Dieser mechanische Fehler war der Grund für die Aufgabe eines vielversprechenden interplanetarischen Experiments.
Mars 1 hatte zwar seine Hauptaufgabe nicht erfüllen können, aber wertvolle Daten über die im interplanetarischen Raum ausschlaggebenden physikalischen Bedingungen gesammelt.

Am 30. November 1964 starteten die Sowjets eine weitere Raumsonde in Richtung Mars – Mars 2.
In der offiziellen Bekanntgabe lautete die Begründung für diesen Start, es gehe darum, »die verschiedenen Systeme in der Sonde für die Bedingungen einer extrem langen Flugdauer zu perfektionieren und praktische Erfahrung auf diesem Gebiet zu erlangen«.
Zudem wurde bekanntgegeben, daß gleichzeitig wissenschaftliche Untersuchungen im interplanetarischen Raum durchgeführt werden sollten. Wie ihr Vorläufer war auch Mars 2 eine »technologische« Sonde. Das heißt, ihre Konstruktion war in erster Linie darauf ausgerichtet, die technische Ausrüstung

für fortschrittlichere, operationsfähige interplanetarische Raumsonden zu vervollkommnen.
Im Orientierungssystem von Mars 2 benutzten die sowjetischen Ingenieure erstmals Ionenmotoren. Für künftige Flüge dieser Art werden auf diese Motoren große Hoffnungen gesetzt. Sie sind in der Lage, hohe Ausstoßgeschwindigkeiten zu erreichen und können über einen langen Zeitraum mit leicht kontrollierbarer Schubkraft operieren.
Mars 2 sollte ihr Ziel am 6. August erreichen. Ihr Start war zwei Tage nach dem der amerikanischen Raumsonde Mariner 4 erfolgt. Damit Störungen zwischen den Übertragungen der beiden Sonden vermieden wurden, war die Ankunft von Mariner 4 auf den 5. August festgesetzt worden.
Nach dem Start von Mars 2 entdeckten die russischen Techniker jedoch, daß die Energieversorgung für die technische Ausrüstung an Bord nur etwa die Hälfte der erforderlichen Menge betrug. Dieser schwerwiegende Fehler konnte nicht mehr korrigiert werden. Etwa drei Millionen Kilometer entfernt von der Erde kam es zu Kontaktschwierigkeiten mit der Sonde.
Trotz allem – nach drei Bahnkorrekturen flog Mars 2 vier Monate später in einer Entfernung von nur etwa 1700 Kilometern am Mars vorbei.
Im Verlauf des Jahres 1961 stellten die Amerikaner ihr Programm über die Erforschung unseres Planetensystems zusammen. Die Fachleute der NASA und des Jet Propulsion Laboratory studierten Mariner A, um daraus die Venus-Sonde Mariner 2 zu entwickeln. Gleichzeitig nahmen sie die Arbeit an Mariner B auf, die zum Mars geschickt werden sollte.

Aus der Weiterentwicklung von Mariner 2 entstand die Marssonde Mariner 3, an der vier installierte Sonnenenergiewandler-Träger – anstelle der bisherigen zwei – das Auffälligste waren. Die Öffentlichkeit interessierte sich natürlich am meisten für eine Fernsehkamera, die in der Lage war, durch ein kleines Teleskop bis zu 22 Schwarzweißaufnahmen der Marsoberfläche zu machen.

Die Bilder sollten mit einer Geschwindigkeit von 10,700 bits, also Informationseinheiten, pro Sekunde auf Band aufgenommen werden. Jedes Foto setzte sich aus 250 000 bits zusammen. Aber aus Marsnähe konnten nur achtmal 33 bits zur Erde übermittelt werden.

Allein die Tatsache, daß die Übertragung zur Erde acht Stunden und zwanzig Minuten dauern würde, zeigt, wie notwendig die Speicherung der Funkfotos auf Band war. Denn es würden fast acht Tage vergehen, um die 22 mit $\frac{1}{5}$ Sekunde belichteten Aufnahmen zur Erde zu funken. Anderthalb Stunden standen dann noch zur Verfügung, um die Funktionstüchtigkeit der Apparaturen zu überprüfen.

Mariner 3 war die zusätzliche Aufgabe zugedacht, bestimmte Eigenschaften der Marsatmosphäre zu beobachten. Zu diesem Zweck sollte sie die Verzerrung der die Marsatmosphäre passierenden Radiosignale analysieren, wenn sie sich auf der Rückseite des Planeten befand.

Am 5. November 1964 war es dann soweit. Mariner 3 wurde gestartet. Ein paar Stunden später waren alle Hoffnungen dahin. Anstatt nach 96 Sekunden brannte die Agena-Raketenstufe bereits nach 92 Sekunden aus. Aber gerade diese fehlenden vier Sekunden

Brenndauer wären notwendig gewesen, um durch eine ausreichend hohe Startgeschwindigkeit den Mars zu erreichen. Nach dem unbefriedigenden Start gelangten von Mariner 3 noch Signale zur Erde, aus denen hervorging, daß sich die Solarzellenflügel nicht entfaltet hatten. Alle Bemühungen, den Fehler zu beheben, mißlangen. Da die Batterien sich ohne die Solarzellen der Sonde nicht mehr aufladen konnten, war ihr Ende vorprogrammiert. Am 6. November 1964 stürzte sie ab.

Die Erklärung für das Versagen war einfach. Die zum Schutz vor dem dichteren Teil der Erdatmosphäre angebrachte Hülle der Sonde hätte nach fünfeinhalb Minuten abgesprengt werden müssen. Als dies nicht geschah, war das Gewicht für die Rakete zu groß, als daß sie die notwendige Geschwindigkeit noch hätte erreichen können. Ebenso konnten sich die Solarzellenflügel nicht entfalten.

Bis zum Start von Mariner 4 waren noch vier Wochen Zeit, die dazu benutzt wurden, statt der Fiberglasschutzhülle von Mariner 3 eine neue aus Magnesium anzufertigen.

Am 28. November wurde Mariner 4 in Richtung Mars auf den Weg gebracht. Die Flugbedingungen waren ausgezeichnet.

Nach dem Fehlschlag von Mariner 3 herrschte große Erleichterung, als die Absprengung der Schutzhülle von Mariner 4 reibungslos verlief, die Solarflügel sich entfalteten und die Flugbahn der Sonde stimmte.

Am 11. und 12. Dezember passierte Mariner 4 problemlos einen von drei Meteoritenschwärmen, die ihre Flugbahn kreuzten. 24 Stunden später geriet sie in den

nächsten. Zu diesem Zeitpunkt war die Sonde über sieben Millionen Kilometer von der Erde entfernt und hatte bereits siebeneinhalb Millionen »bits« wissenschaftlicher Informationen übermittelt.
Bis zum 3. Januar 1965 legte Mariner 4 knapp 110 Millionen Kilometer zurück. Anfang April waren es bereits 360 Millionen Kilometer.
Am 7. Juli wurde Mariner 4 vom Gravitationsfeld des Mars erfaßt, und am 11. Juli betrug die Entfernung zum roten Planeten noch knapp zwei Millionen Kilometer.
Nun blieb den Wissenschaftlern auf der Erde nur noch die eine Sorge, ob durch Phobos oder Deimos, die beiden Marsmonde, das Leitsystem der Sonde beeinträchtigt und dadurch eine Bahnveränderung herbeigeführt werden könnte.
Endlich näherte sich der Tag der Entscheidung, der Tag, auf den alle Vorbereitungen und Hoffnungen gesetzt waren. Am 15. Juli um 13.40 Uhr Greenwich-Zeit fing das Radioteleskop des Observatoriums im südafrikanischen Johannesburg die ersten Signale auf, die an das Jet Propulsion Laboratory weitergeleitet wurden. Alles wartete gespannt auf die Auswertung. Was würden die aus den bits rekonstruierten Aufnahmen zeigen? Künstliche Kanäle, Vegetation, gar höhere Lebensformen? Zur großen Enttäuschung ergaben die ersten bits-Signale keinerlei Bildmaterial. Eine knappe halbe Stunde später sah die Sache aber schon positiver aus. Denn die bis dahin eingegangenen Signale stammten nur vom Anfang des Bandes. Zwei Stunden später lagen den Experten von Pasadena vierzig der zweihundert Zeilen vor, aus denen die

ersten Aufnahmen zusammengesetzt wurden. Dieses erste Bild wurde am gleichen Tag, dem 15. Juli, rekonstruiert und am nächsten Tag veröffentlicht.
Im Vergleich zu den ausgezeichneten Aufnahmen der Mondsonden Ranger war das Marsbild ziemlich enttäuschend. Aber dann trafen in Pasadena pro Tag etwa zwei Aufnahmen ein, deren Qualität laufend besser wurde.
Die Übertragung des zehnten Bildes begann am 19. Juli. Am 24. Juli waren alle 21 Negative übermittelt, und sogar der Anfang des 22. war eingegangen. Nun wurde eine nochmalige Übertragung aller Negative vorgenommen, um sie mit der ersten zu vergleichen und mögliche Irrtümer auszuschließen.
Alles in allem war Mariner 4 nicht in der Lage, die Frage nach der Existenz oder Nichtexistenz von Leben auf dem Mars durch definitive Daten zu bejahen oder zu verneinen. Dennoch, nach der ersten Interpretation der Aufnahmen wie auch durch die zahlreichen Informationen der Sonde über die Atmosphäre des Planeten glaubten viele Wissenschaftler davon ausgehen zu müssen, daß auf Mars keine Lebensform, nicht einmal die primitivste, existiere.

Am 24. Februar und 27. März 1969 nahmen die Marinersonden 6 und 7 ihre Reise in Richtung Mars auf. Sie überflogen den Planeten in dreitausend Kilometern Höhe und signalisierten etwa zweihundert Funkbilder der Marsoberfläche zur Erde. Auf den Fotografien waren kraterübersäte Gebiete wie auf dem Mond festgehalten. Regionen welliger Sanddünen wurden von einem über 730 000 Quadratkilometer umfassenden verwüsteten Landstrich abgelöst, für den es keinen irdischen Vergleich gibt. Wenn überhaupt erinnert er an das zerstörte Gebiet um Anchorage in Alaska nach dem Erdbeben im Jahr 1964. Allerdings ist die zerstörte Region auf dem Mars wesentlich größer als die um Anchorage.

Gut zwei Jahre später, am 30. Mai 1971, startete die Sonde Mariner 9 zum Mars. Sie erreichte ihr Ziel am 13. November und wurde in den Marsorbit gezogen, statt den Planeten zu überfliegen. Dieses »Pech« wirkte sich in letzter Konsequenz positiv aus, da auf dem Mars ein globaler Sandsturm tobte, der den gesamten Planeten in eine einzige Staubwolke einhüllte. Mariner 9 hätte beim Vorbeiflug nichts anderes als nur »Staubfotos« zur Erde funken können. Während der vier Monate, die dieser Sturm anhielt, drehte Mariner 9 ihre Bahnen um den Mars. Im Dezember klarte die Marsatmosphäre endlich wieder auf, und Mariner 9 konnte ihr umfangreiches Programm erfüllen.
Die Geländeerfassung der Marsoberfläche war vielversprechend. Die fast ein Jahrhundert als existent betrachteten künstlichen Kanäle konnte Mariner 9 allerdings nicht bestätigen. Danach lag Maunder mit seiner Ansicht, es handele sich um optische Täuschungen, vielleicht doch richtig.
Die nördliche Marshalbkugel läßt auf einstige Vulkantätigkeit schließen. Einige sehr hohe Berge in dieser Region konnten eindeutig als – wahrscheinlich längst erloschene – Vulkane identifiziert werden. Der mächtigste unter ihnen wurde Olympus Mons getauft. Er ist sage und schreibe 24 Kilometer hoch, und sein

Hauptkrater hat einen Durchmesser von 64 (!) Kilometern. Damit ist er um ein vielfaches größer als jeder irdische Vulkan.
Entlang dem Äquator des Planeten zieht sich ein gigantischer Graben, ein Canyon. Er wurde Vallis Marineris getauft (Mariner-Tal). Sechs Kilometer tief, zieht er sich über fünftausend Kilometer in einer Breite von fünfhundert Kilometern hin. Dieser Graben dürfte schätzungsweise vor zweihundert Millionen Jahren durch Verschiebungen und Risse der Planetenkruste entstanden sein.
Überdies wird die Planetenoberfläche von einem Netz sich dahinschlängelnder, einander kreuzender Rinnen überzogen, die den zwingenden Eindruck ausgetrockneter Flußläufe erwecken. Danach mußte es irgendwann in der Vergangenheit des Mars Wasser gegeben haben. Aber wo war es geblieben? An der Nordpolkappe?
Mariner 9 fotografierte dort gewaltige, aufgeschichtete Eisklippen, deren Terrassen einen Kilometer hoch sind. Hatte sich das Wasser aus den Flußläufen hierher verflüchtigt und war zu Eis erstarrt? Und würden Wasservorkommen nicht doch für die Existenz von Leben auf dem roten Planeten sprechen?
Zwei der Mariner-9-Aufnahmen gaben den Wissenschaftlern besondere Rätsel auf: Zum einen das auf dem Tharsis-Plateau fotografierte Linienmuster, das frappierend an die künstlich geschaffenen, kilometerlangen Nazca-Linien erinnert, die auf der peruanischen Nazca-Hochebene, südlich von Lima, entdeckt wurden. Zum anderen verblüffend symmetrische Pyramidengebilde in der Elysium-Region. Wie waren

diese Strukturen entstanden – das Linienmuster und die Pyramiden?
Antworten auf wesentliche Fragen, vor allem nach der Existenz oder Nichtexistenz von Leben auf dem Mars, waren nur durch die Landung einer automatischen Forschungssonde auf dem Planeten zu erwarten.

5

Zwei »Wikinger« auf dem Mars

Die wissenschaftlichen und technischen Voraussetzungen für den erfolgreichen Flug einer Raumsonde in den Orbit eines anderen Planeten zu schaffen, ist schon schwierig genug. Aber die weiche Landung in einer fremden Welt ist ein unvergleichlich schwierigeres Problem. Denn die Spezialisten müssen von vornherein eine ganze Reihe unsicherer Faktoren einkalkulieren, um das Gelingen eines solchen Projekts so gut wie möglich abzusichern. Und in der letzten Konsequenz gehört zum erfolgreichen Verlauf auch noch eine gute Portion Glück.

So sind beispielsweise die meteorologischen Bedingungen zum Zeitpunkt der Landung auf dem Mars schwer vorauszusagen. Darüber hinaus gibt es keine absolute Garantie dafür, daß der für die Landung vorgesehene Ort auch wirklich geeignet ist – ob nicht etwa ein Felsbrocken, eine steile Düne, ein kleiner Krater die aufsetzende Kapsel behindert oder gar umstürzt und dem Projekt damit ein vorschnelles Ende bereitet.

Allein schon der Abstieg der Sonde aus dem Orbit des Planeten zu seiner Oberfläche verlangt perfekte Funktionstüchtigkeit der technischen Ausrüstung und ein ebenso perfektes Timing. Das heißt, daß unter anderem Bremsraketen, Hitzeschild, Bremsfallschirme,

Korrekturdüsen, Funkverkehr und Steuerungscomputer in tadelloser Koordination funktionieren müssen. Auf dem Mond und der Venus waren weiche Landungen dieser Art geglückt. Würde das gleiche auf dem etwa dreihundert Millionen Kilometer von der Erde entfernten Mars auch gelingen?

Als erste wagten die Sowjets den Versuch. 1971 trat ihre Raumsonde Mars 3 in die Marsatmosphäre ein. Aus den zur Erde gefunkten Signalen ging hervor, daß die Landesysteme ordnungsgemäß ausfuhren, der Hitzeschild korrekt nach unten schwenkte und auch die Bremsraketen zur richtigen Zeit zündeten. Trotzdem mußte etwas schiefgegangen sein. Denn nach dem Aufsetzen hatte die Sonde noch zwanzig Sekunden lang Bildsignale zur Erde gefunkt, aber auf dem Bildausschnitt war nichts zu erkennen. Rätselhafterweise fiel die Übertragung danach ganz aus.
Der russischen Sonde Mars 6 widerfuhr 1973 fast das gleiche Schicksal. Bereits eine Sekunde nach der Landung hörten ihre Signale zur Erde auf.
Die sowjetischen Wissenschaftler können nur vermuten, daß Mars 3, von starken Bodenwinden erfaßt, gegen einen Felsbrocken schlug oder umstürzte. Der Ausfall von Mars 6 konnte bis heute nicht geklärt werden. Vielleicht versagten bestimmte Apparaturen. Damit waren die Versuche der Sowjets, auf dem Mars ein Forschungsprojekt mit einer weichen Landung durchzuführen, vorerst gescheitert.

Als die US-Raumfahrtbehörde NASA ihr ehrgeiziges Marsprojekt – die Viking-Mission – plante, konnte sie

sich, durch die Mißerfolge der Russen vorgewarnt, auf eventuell eintretende Zwischenfälle vorbereiten.
Für das Viking-Projekt waren zwei automatische Landekapseln vorgesehen, die im Abstand von fünf Wochen in verschiedenen Marsregionen aufsetzen sollten. Viking 1 wie auch Viking 2 setzten sich zusammen aus den Landekapseln – den Landern – und ihren, in einer Marsumlaufbahn verbleibenden Satelliten – den Orbitern, die von dort aus die Marsoberfläche fotografieren sollten. Hauptaufgabe der Lander war die Suche nach Leben auf dem roten Planeten.
Schon Ende der sechziger Jahre hatte die NASA Wissenschaftler aller Fakultäten aufgefordert, geeignete Experimente zur Ermittlung von Leben auf dem Mars vorzuschlagen. Denn innerhalb der NASA herrschte Einigkeit darüber, daß die Suche nach außerirdischem Leben – insbesondere auf dem Mars – Hauptziel des Programms der unbemannten Raumfahrt sein müßte. Eine ganze Reihe namhafter Wissenschaftler beschäftigte die schwierige Frage, wie ein Instrumentarium zur ferngesteuerten Ermittlung von Leben aussehen müßte. Mit diesem Problem war eine besondere Herausforderung verbunden, da beides, Art der Lebensform und Gelände, unbekannt war.
Die beiden Kapseln waren mit einem Greifarm ausgestattet, der Marserde sammeln und ins Innere der Kapsel befördern sollte, um dort eine Reihe von Experimenten durchzuführen, in der Absicht, Leben nachzuweisen.
Die NASA hatte geplant, daß Viking 1 pünktlich zum zweihundertsten Jahrestag der amerikanischen Unabhängigkeitserklärung, am 4. Juli 1976, in einer Nie-

derung der Chryse-Region (Gr.: Goldtal) am 21. Grad nördlicher Marsbreite landen sollte. Als Landeplatz für Viking 2 dagegen wurde das Cydonia-Gebiet am 44. nördlichen Breitengrad vorgesehen.
Die Amerikaner hatten in die Viking-Mission eine Forschungssumme von einer Milliarde Dollar investiert.

Als Viking 1 im Frühsommer 1976 schließlich den roten Planeten erreichte und erfolgreich in die Mars-Umlaufbahn einschwenkte, wurden die Orbiterkameras aktiv, um den Landeplatz noch einmal fotografisch zu überprüfen. Doch die Aufnahmen der 475-mm-Zwillingsteleskopkameras unterschieden sich grundlegend von denen, die Mariner 4 und Mariner 9 von diesem Gebiet übermittelt hatten. Daraufhin entschloß sich die NASA, die Landung zu verschieben.
Die als glatt und eben eingeschätzte Landezone im Chryse-Gebiet hatte sich als eine von Flußbetten und Stromtälern durchzogene Landschaft entpuppt, aus deren Mitte mehr als einen Kilometer hohe, »offenbar durch Wasser aus dem Boden ausgewaschene« Felseninseln aufragten.
Diese Bodenbeschaffenheit war den NASA-Experten für eine Landung zu riskant, da der Landeroboter beim Aufsetzen umstürzen konnte und es nicht möglich war, den Landeanflug von der Erde aus in letzter Minute zu korrigieren.
Das Chryse-Gebiet wies viele scharfkantig geformte Senken und Gräben auf, Vorsprünge und Abhänge, die auf Windeinwirkung zurückzuführen sein mußten. Zudem gab es Spuren, die auf Wasser hinwiesen.

Manche der Einstürze konnten möglicherweise durch teilweises Schmelzen einer unterirdischen Eisschicht entstanden sein. Allem Anschein nach war die ursprünglich vorgesehene Landezone irgendwann einmal von Wasser überflutet und nach dessen rätselhaftem Verschwinden Meteoritenhagel ausgesetzt gewesen, der das Gebiet mit Steinbrocken und Geröll überschüttet haben mußte. Auf den Fotos war zwar kein Geröll zu sehen, aber die Einschläge waren deutlich zu erkennen.

Kein Wunder, daß die NASA in dem zerklüfteten Gebiet keine Bruchlandung wagen wollte und das Unternehmen daher vom 4. auf den 17. Juli verschob. Mit der Suche nach einem geeigneteren Landeplatz waren zwei Bedingungen verknüpft: Er mußte die Voraussetzungen für eine flugtechnisch sichere Landung erfüllen und gleichzeitig den Ansprüchen wissenschaftlicher Forschung genügen. Denn dem biologischen Forschungsauftrag der Viking-Mission entsprechend sollte die Landezone in einer Region liegen, in der es in der Vergangenheit des Planeten mit hoher Wahrscheinlichkeit einmal Wasser gegeben haben mußte. Gleichzeitig sollten in Frage kommende Landestellen geologisch ergiebig und die Wetterbedingungen abschätzbar sein.

Der Landeroboter durfte weder in Sanddünen aufsetzen, wo seine Teleskopbeine einsinken konnten noch auf felsigem Untergrund, da sein Greifarm dort nicht nach Bodenproben für die Bioanalyseinstrumente schürfen konnte.

Nicht zuletzt hing eine sichere Landung vom möglichst hohen Luftwiderstand für den Bremsfallschirm

des Landers ab. Die Landestelle mußte also möglichst tief liegen und durfte keinesfalls eine Steigung von neunzehn Grad überschreiten.
Da die Bodenfreiheit des Landers nur 22 Zentimeter betrug, durften Bodenunebenheiten nicht höher sein. Vor allem aber mußte sich dieser Boden zur Reflektierung der Radarsignale des Landeroboters eignen.
Die Wahl des neuen Landeplatzes fiel schließlich auf Chryse Planitia, ein Gebiet, das etwa 240 Kilometer vom ursprünglichen entfernt in nordwestlicher Richtung liegt. Den Aufnahmen zufolge handelte es sich um eine tiefer gelegene, ebene Landschaft, die auf der Suche nach der Existenz von Leben bessere Chancen versprach.

Außer den Fotos des Viking-1-Orbiters gab es weitere Orientierungshilfen für einen geeigneten Landeplatz. So tasteten die Tiefraumradaranlagen der Radioteleskope von Arecibo/Puerto Rico und Goldstone/Kalifornien mit ihren Antennenschüsseln von 300 Metern beziehungsweise 63 Metern Durchmesser den Marsboden ab. Die Enttäuschung war groß, als sich Chryse Planitia als ein dicht mit Geröll übersätes Gebiet herausstellte, dessen teilweise bis zu zwei Metern ansteigende Bodenunebenheiten eine sichere Landung ausschlossen. Aber durch eine abermalige Verschiebung der Landung kam das 780köpfige NASA-Team zunehmend unter Zeitdruck.
Da Viking 2 Viking 1 sozusagen auf dem Fuß folgte, rückte der Zeitpunkt immer näher, an dem sich die Flugkontrolleure in Pasadena nur noch um Viking 2

kümmern konnten. Viking 2 würde bereits am 7. August in die Marsumlaufbahn einbiegen. Also blieb bis spätestens 25. Juli Zeit, um einen geeigneten Landeplatz zu finden. Gelang dies nicht, blieb nichts anderes übrig, als die Landung von Viking 1 auf einen Zeitpunkt zu verschieben, zu dem sich Viking 2 bereits im Marsumlauf befand.

Mitte Juli wurde die endgültige Landezone festgelegt. Sie lag einige Kilometer westlich vom sogenannten Nordwestterritorium, aber noch am Rand des Chryse-Gebiets.

Am 20. Juli um 9.50 Uhr mitteleuropäischer Zeit war es dann soweit. Das eigentliche Abstiegsprogramm wurde durch Funksignale von der Erde aus eingeleitet. Danach verlief alles weitere vollautomatisch unter Computerkontrolle.

Sieben Minuten nach der Absprengung vom Orbiter begann der Abstieg des in eine linsenförmige Schutzkapsel eingeschlossenen Landegeräts zur Marsatmosphäre, und zwar mit Hilfe von acht kleinen, mit katalytischem Hydrazin betriebenen Retrodüsen im Oberteil der Schutzkapsel. Diese Bremsdüsen hatten eine Brenndauer von 24 Minuten und reduzierten dabei die Geschwindigkeit des eingeschlossenen Landeroboters um 160 Meter pro Sekunde. Etwa drei Stunden nach der Absprengung tauchte die Kapsel mit dem Landegerät in einer Höhe von 244 Kilometern in die Marsatmosphäre ein. Bis zur Landung dauerte es nur noch knapp neun Minuten. In diesem kurzen Zeitraum mußte die Geschwindigkeit von 16 000 Stundenkilometern auf Null gebremst werden. Die Temperatur des Aluminium-Silikon-Hitzeschildes stieg dabei

auf 1500°C, obwohl die Atmosphäre des Mars rund hundertmal dünner ist als die der Erde.
In einer Höhe zwischen 30,5 und 24,4 Kilometern war die Kapsel der stärksten Bremswirkung ausgesetzt. Als sie in 5,8 Kilometern Höhe auf Schallgeschwindigkeit absank, erging durch den Bordcomputer der Befehl zur Entfaltung des Bremsfallschirms. Ein im Oberteil der Kapsel plazierter Mörser schoß den fünfzig Kilogramm schweren Dacron-Polyester-Bremsfallschirm von sechzehn Metern Durchmesser heraus. Sieben Sekunden später wurde das Unterteil der Schutzkapsel abgesprengt, und kurz danach wurden die drei Teleskopbeine für die knapp neunzig Sekunden später erfolgende Landung ausgefahren. In 1200 Metern Höhe zündeten die achtzehn Düsen der Landetriebwerke, und zwei Sekunden später wurde das Oberteil der Kapsel abgesprengt.
Die Landetriebwerke verringerten die Sinkgeschwindigkeit mit einer Brenndauer von etwa dreißig Sekunden auf 2,4 Meter pro Sekunde. Die letzten siebzehn Meter legte der Landeroboter mit konstanter Fallgeschwindigkeit senkrecht zurück.
Während des gesamten Landeanflugs bestand zwischen dem Lander und seinem Orbiter Radiokontakt. Denn alle 24,6 Stunden war der Orbiter beim Überfliegen der Landezone etwa zwanzig Minuten lang in der Lage, die Radiosignale des Landegeräts zu empfangen. Die Landebeine waren zur Abdämpfung des Aufpralls mit 7,5 Zentimeter breiten zylindrischen Wabenstrukturelementen aus Aluminium versehen worden.
Nur wenige Sekunden später als berechnet setzte der

Landeroboter drei Stunden und 21 Minuten nach der Abtrennung von seinem Orbiter auf dem sandigen Boden des roten Planeten auf. An den Fußtellern angebrachte Sensoren schalteten die Landetriebwerke automatisch ab. Fünfzehn Sekunden später entfaltete er seine 74-Zentimeter-Parabolantenne und einen Ausleger von einem Meter Länge mit metereologischen Instrumenten.

Die automatische Landekapsel der Viking-1-Mission war somit am 20. Juli 1976 um 13.12 Uhr mitteleuropäischer Zeit in der Region Chryse auf 22,5° nördlicher Breite weich auf dem roten Planeten gelandet.

Die 815 Millionen Kilometer lange Reise um die Sonne hatte 334 Tage gedauert, und das Gelingen dieses schier unglaublichen wissenschaftlichen Abenteuers war einem Team von 780 Spezialisten des Raumfahrtzentrums der NASA und seinem *zugehörigen* Jet-Propulsion-Laboratorium in Pasadena zu verdanken.

6

Eine Landschaft für Goldgräber

Das mit Spannung erwartete erste Bild von der Marsoberfläche traf am 20. Juli 1976, also noch am Tag der Landung, ein. Viking 1 hatte diese Schwarzweißaufnahme über seinen Orbiter zur Erde gefunkt. Es zeigt den Landeteller eines der Teleskopbeine des Landers, Sand und kleinere Steine.

Die Fernsehkamera des Landeroboters hatte dieses Foto mit Hilfe hochempfindlicher Lichtsensoren aufgenommen. In einzelne Bildelemente – Pixells – zerlegt wurde es zum Orbiter gefunkt, wo die Pixells auf Band aufgenommen und etwa zwanzig Minuten später zur Erde abgestrahlt wurden. Nach einer »Reisezeit« von zwanzig Minuten trafen sie in Pasadena ein, um dort in einem komplizierten Computerbild-Verarbeitungsverfahren Streifen für Streifen wieder zu Bildern zusammengesetzt zu werden. Als die ersten Farbaufnahmen eintrafen, zeigten sie ein leicht welliges, mit Felsbrocken und Geröll übersätes Wüstengebiet von rötlicher, brauner und gelblicher Färbung.

Im Grunde genommen war es eine recht irdische Landschaft, wie sie auch in Australien oder Arizona vorkommt. Nur der Himmel war anders als unser irdischer. Durch den ständig in die Marsatmosphäre aufgewirbelten, wahrscheinlich eisenoxidhaltigen Staub wölbte er sich blaßrot über dem Planeten.

»Ich erinnere mich noch, daß ich die ersten Aufnahmen des Marshorizontes wie gebannt anstarrte. Das war keine fremde Welt ... Felsen, Flugsand und eine Anhöhe in der Ferne wirkten ebenso harmlos und natürlich wie irgendeine Landschaft auf der Erde. Mars war ein greifbarer, ein begreifbarer Ort. Natürlich hätte es mich erstaunt, plötzlich einen ergrauten Goldschürfer mit seinem Maultier um eine Düne biegen zu sehen, andererseits aber hätte er durchaus ins Bild gepaßt«, schildert der am Viking-Projekt beteiligte Carl Sagan seinen ersten Eindruck.
Am 3. September 1976 landete Viking 2 sicher im Utopia-Gebiet, 48,5° nördlicher Breite. Nahaufnahmen des Viking-2-Orbiters ließen die ursprünglich vorgesehene Landestelle, genau wie vorher beim Viking-1-Lander, denkbar ungeeignet erscheinen. Aus diesem Grund wurde schließlich Utopia Planitia ausgewählt, ein Gebiet weiter, welliger Sanddünen, das für eine sichere Landung sprach.
Während des Abstiegs zur Marsoberfläche funktionierte die Datenübertragung des Landers einwandfrei. Doch mit dem Aufsetzen fielen Bild- und Meßdatenübertragung zur Erde ganz unerwartet aus. Nachdem der Landeroboter neun Stunden lang beharrlich geschwiegen hatte, nahm er die Datenübermittlung zur Erde unvermutet wieder auf, ohne von der NASA einen Befehl erhalten zu haben. Als statt der *erwarteten* Sanddünen die fotografischen Daten einer endlosen steinigen Wüste, ähnlich denen, die Viking 1 vorher von ihrem Landeplatz übermittelt hatte, auf der Erde eintrafen, war die Verwirrung vollständig.
Aus Kontrollmessungen des im Marsumlauf befindli-

chen Viking-2-Orbiters ging jedoch eindeutig hervor, daß sich der Landeroboter im vorgesehenen Gebiet befand. Bis heute konnte nicht befriedigend erklärt werden, warum die aus der Umlaufbahn übermittelten Daten des Landegebiets so völlig anders ausfielen als die vom Landeroboter selbst.

Drei Tage nach der Landung schalteten die Bordcomputer der Landeroboter auf eine Hochleistungsanlage von 2200 MHz (S-Band) um. Und von diesem Zeitpunkt an übernahmen die Parabolantennen der Lander alle Bildaufzeichnungen und Messungen und übermittelten sie direkt zur Erde. Diese Daten ließen auf einen kalten Planeten schließen. Aber das ist nicht weiter überraschend, denn schließlich ist er ein ganzes Stück weiter von der Sonne entfernt als die Erde.

So bewegen sich die Temperaturextreme auf dem Mars zwischen −140 °C und +20 °C. An den Landestellen der Viking-Roboter schwankte die Temperatur beispielsweise zwischen −90 °C in der Nacht und −10 °C während des Tages.

Inzwischen fotografierten die im Marsumlauf kreisenden Orbiter der Viking-Mission laufend die Oberfläche des Planeten, die ebenso groß ist wie die gesamte Landfläche der Erde, weil es auf dem Mars keine Ozeane gibt. Die Marsoberfläche zeigt viele hervorstechende Merkmale, und den Orbiter-Kameras war es möglich, Objekte bis hinunter zur Größe eines Fußballplatzes auszumachen.

Vor allem in der südlichen Mars-Hemisphäre fällt eine große Anzahl von riesigen Kratern auf, die den auf dem Mond entdeckten sehr ähnlich sind. Sie gehen auf zahllose Meteoriteneinschläge zurück, die den Planeten vorwiegend während der Entstehung des Sonnensystems vor rund 4,7 Milliarden Jahren getroffen haben müssen. Daß sie so lange erhalten geblieben sind, läßt auf weitaus geringere Witterungseinflüsse und Oberflächenverschiebungen als auf der Erde schließen.

In der nördlichen Hemisphäre des Planeten sind weniger Krater vorhanden. Dort wird die Oberfläche von glatten, mit Felsbrocken übersäten Flächen vulkanischer Lava beherrscht. Einige der Lava-Ablagerungen ziehen sich über Kilometer hin und müssen teilweise vor Hunderten Millionen von Jahren entstanden sein.

Als besondere Wahrzeichen der nördlichen Hemisphäre ragen einige gewaltige Vulkane in den Marshimmel. Es wird vermutet, daß ihre enormen Höhen nur möglich sind, weil sich die Marskruste weniger verschoben hat als die Erdkruste. Es könnte auf dem Mars immer noch aktive Vulkane geben, aber bis heute läßt sich ihre Existenz nicht durch Beobachtungen bestätigen.

Die Orbiter-Aufnahmen erhärteten die Annahme, daß es sich bei dem weitverzweigten Netz von Rillen und Furchen um heute wasserlose Flußläufe handelt, deren Alter auf anderthalb bis drei Milliarden Jahre geschätzt wird. Eine genaue Datierung ist natürlich nicht möglich.

Diese Entdeckung eröffnete wieder einmal die interessante Perspektive, daß es auf der Marsoberfläche doch einmal lebenspendendes Wasser gegeben haben muß. Einen weiteren Beweis dafür brachte die Beobachtung, daß sich das Gelände an vielen Stellen auf

eine Art abgesenkt hat, die für Grundeis (Permafrost) spricht.
Als die Durchschnittstemperaturen und der Luftdruck auf dem Mars in ferner Vergangenheit noch höher waren, gab es vermutlich lange genug Wasser, daß sich ein Flußnetz bilden konnte.
Wenn das der Fall war, stellen sich folgende Fragen:
- Wie lange gab es auf der Marsoberfläche Wasser?
- Wohin verschwand das Wasser der Flüsse?
- Warum wurde es auf dem Mars kälter?
- Warum sank der Luftdruck?

All diese Fragen können bisher nur mit Theorien beantwortet werden.
Ein anderes, von der Erde aus sichtbares, mit Wasser in Verbindung stehendes Oberflächenmerkmal ist die Polarkappe am Nordpol des Mars. Temperaturmessungen und Wasserdampf über diesem Pol haben gezeigt, daß er von einer permanenten, mit Staub bedeckten Wassereiskappe überzogen ist. Möglicherweise hat sich in diesem ewigen Eis des Pols der größte Teil des einstigen Flußwassers gesammelt.
Eine andere Erklärung wäre, daß sich heute all das einst vorhandene Wasser in Form von Grundeis fast über den ganzen Planeten verteilt haben könnte. In beiden Fällen wäre die Gesamtmenge des Wassers auf dem Mars aber geringer gewesen als das Wasservorkommen auf der Erde.
Verglichen mit den »Wasserreservoiren« der Erde wären die des Mars wahrscheinlich flache Seen gewesen und keine Meere.

Auch die Marsatmosphäre und ihre Zusammensetzung, die sich von der irdischen wesentlich unterscheidet, wurde von den Orbitern und Landerobotern der Viking-Mission untersucht. Sie enthält so gut wie keinen Sauerstoff, sondern setzt sich zu 95 Prozent aus Kohlendioxid mit kleinen Mengen von Nitrogen und Argon zusammen. Ihre Dichte beträgt nur ein Prozent der atmosphärischen Dichte der Erde.

Vielleicht entspricht die heutige Atmosphäre des Mars der irdischen in ferner Vergangenheit. Und zwar zu jenem Zeitpunkt, als weder Fotosynthese noch andere bakteriologische Vorgänge eingesetzt hatten, um die enorme Sauerstoffmenge zu erzeugen, die in unserer heutigen Atmosphäre enthalten ist. (In der Fotosynthese produzieren Grünpflanzen mit Hilfe absorbierten Sonnenlichts aus Wasser und Kohlendioxid Kohlenhydrate. Durch diesen Prozeß wird Sauerstoff freigesetzt.)

Dennoch könnte sich auch auf dem Mars eine Fotosynthese vollzogen haben. Denn es gibt bestimmte Urformen der Fotosynthese, die keinen Sauerstoff freisetzen. Ganz davon abgesehen vollzog sich diese Form von sauerstofffreisetzender Fotosynthese auf der Erde im Verlauf von vielen Millionen Jahren, noch bevor ein substantieller Aufbau dieses Gases in der irdischen Atmosphäre einsetzte.

Der fehlende Sauerstoff auf dem Mars ist auf die nicht existierende Ozonschicht in seiner Atmosphäre zurückzuführen. Damit ist die Marsoberfläche der ultravioletten Strahlung ungeschützt ausgesetzt. Die Erde hingegen wird durch ihre Ozonschicht vor den schädlichen Strahlen bewahrt. Es ist durchaus möglich, daß die starke Ultraviolettstrahlung auf die chemische

Zusammensetzung der Marsoberfläche und vielleicht auch auf die Biologie des Planeten starken Einfluß hatte.

Auf dem Mars gibt es auch Wasser in Form von Dampf. Insbesondere in zwei südlich des Marsäquators gelegenen Regionen wurde durch die Orbiter eine auffallende Konzentration von Wasserdampf festgestellt.
Über das Zustandekommen dieser Erscheinung haben sich Wissenschaftler verschiedene Theorien gebildet. Es wäre zum Beispiel möglich, daß unter der Oberfläche aufgrund dort herrschender höherer Temperaturen Grundwasser vorhanden ist, das nach oben entweichen kann. Vielleicht handelt es sich auch um noch immer bestehende vulkanische Aktivitäten, die sporadisch den Permafrost in Wasserdampf umwandeln. Und schließlich könnte nur wenige Zentimeter unter der Sedimentärschicht des Mars Eis vorhanden sein, das unter bestimmten Umständen als Dampf an die Oberfläche steigt. In jedem Fall könnte dies den Wasserdampfgehalt der Atmosphäre vorübergehend erhöhen.

Fassen wir noch einmal zusammen:
1. Im Verhältnis zur Sonneneinstrahlung, die zur Erde gelangt, erreicht die Marsoberfläche nicht einmal halb so viel Strahlung. Da die Atmosphäre des Mars – außer in Zeiten von Sandstürmen – dank der fehlenden Ozonschicht Strahlen stärker absorbiert, ist ein gewisser Ausgleich gegeben.
2. Der Mars dreht sich einmal in 24,623 Stunden um

seine eigene Achse. Und für einen Sonnenumlauf braucht er beinah 687 Erden- beziehungsweise 668,61 Marstage.

3. Die Marsachse hat eine ähnliche Neigung wie die Erdachse. Aber der Marsorbit um die Sonne verläuft elliptischer als die Umlaufbahn der Erde. Aus diesem Grund sind die Jahreszeiten auf dem Mars wesentlich ausgeprägter als die irdischen.

Nachdem Mars vor einigen Jahrmillionen eine ziemlich dichte Atmosphäre und strömendes Wasser in Überfluß besaß, waren die Bedingungen für die Entwicklung von Leben gegeben. Doch sobald Leben erst einmal entstanden ist, kann es sich selbst in der feindlichsten Umwelt durchsetzen. So können zum Beispiel Bakterien weit über dem Siedepunkt des Wassers gedeihen. Und auf dem Mond hatten irdische Husten- und Schnupfenbakterien am Plastikteil der Kamera der Raumsonde Surveyor 3 fast drei Jahre lang überlebt, bevor sie von den Apollo-12-Astronauten geborgen und zurückgebracht wurden.
Was spräche also dagegen, daß sich trotz der heutigen extremen Verhältnisse auf dem Mars irgendwelche Lebensformen erhalten haben? Deutet die Grünfärbung einiger von den Viking-Landern fotografierter Gesteinsbrocken vielleicht auf eine Flechtenart hin?
Können die Lebensnachweis-Experimente der Viking-1- und -2-Landeroboter darüber Aufschluß geben?

7

2 : 1 für Marsleben

Bei der Suche nach Leben auf dem Mars gingen die Wissenschaftler des Viking-Projekts von irdischen Voraussetzungen aus. Insbesondere davon, daß Leben auf der Erde auf Kohlenstoff basiert. Da Kohlenstoff ein weit verbreitetes Element ist, kommt es beispielsweise auch in der Marsatmosphäre in Form von Kohlendioxid vor.

Die Temperaturspanne auf diesem Planeten eignet sich für eine ganze Reihe organischer Reaktionen. Und darüber hinaus ist der Mars ausreichend erdähnlich, um Lebensformen zu ermöglichen, die auf Kohlenstoff basieren.

Von den drei mikrobiologischen Experimenten der Viking-Mission sollte jedes einzelne ganz spezielle Fragen im Zusammenhang mit dem Stoffwechselvorgang eventueller Mikroorganismen im Marsboden abklären. Denn falls sie existierten, müßten sie »Nahrung« aufnehmen und Gase absondern. Andererseits könnten sie auch der Atmosphäre Gase entziehen und diese eventuell mit Hilfe des Sonnenlichts in nützliche Stoffe – »Nahrung« – umwandeln. Für den Fall, daß in den Bodenproben tatsächlich Mikroorganismen gefunden werden sollten, hatten die Minilabors von Viking 1 und 2 eine Nährlösung an Bord – von den Wissenschaftlern »Hühnerbrühe« genannt. Die Vi-

king-Spezialisten hofften nun, daß dieser »Leckerbissen« den Mikroorganismen »schmecken« und daß sie »ordentlich zugreifen« würden. Der »Verdauungsprozeß« würde dann aus den abgesonderten Gasen nachweisbar sein und damit auch Leben.
Die Labors waren außerdem imstande, die Bodenproben mit radioaktiv markierten Gasen zu versetzen. Die Umwandlung dieser Gase in organische Stoffe ließe auf Leben in Kleinstform schließen.

Die mikrobiologischen Labors der beiden Landeroboter stellten ein äußerst komplexes System von Testzellen dar. Dazu gehörten Geigerzähler, Öfen, Lampen, Kühlautomaten sowie Testflüssigkeit, Gaschromatographen und Massenspektrometer zur chemischen Analyse von Stoffgemischen, um die drei grundlegenden biologischen Experimente durchzuführen.
Der drei Meter lange, computergesteuerte Schürfarm der Lander entnahm Bodenproben, siebte sie und führte sie dann den jeweiligen Testzellen zu. Alle drei Experimente liefen zwar unterschiedlich ab, dienten jedoch nur dem einen Zweck, den Nachweis für Leben zu erbringen.
Das erste Experiment war speziell darauf ausgerichtet, nach Anzeichen eines auf Fotosynthese basierenden Metabolismus zu fahnden, also nach irgendeiner Lebensform, die mit einer irdischen vergleichbar ist.
Im Verlauf dieses Experiments erhielt die Bodenprobe Zusätze von Kohlenmonoxid und Kohlendioxid, die mit radioaktivem Kohlenstoff 14 markiert waren. Dann wurde das Ganze einer Lampe ausgesetzt, die Mars-Sonnenlicht simulierte. Nach einer Inkuba-

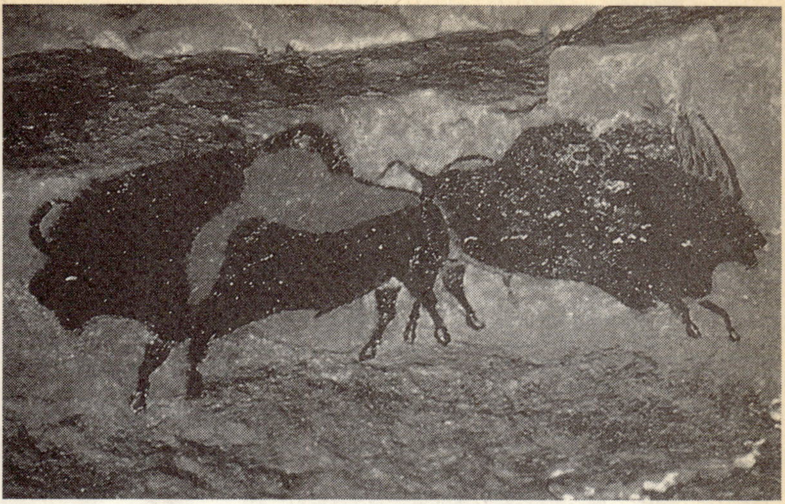

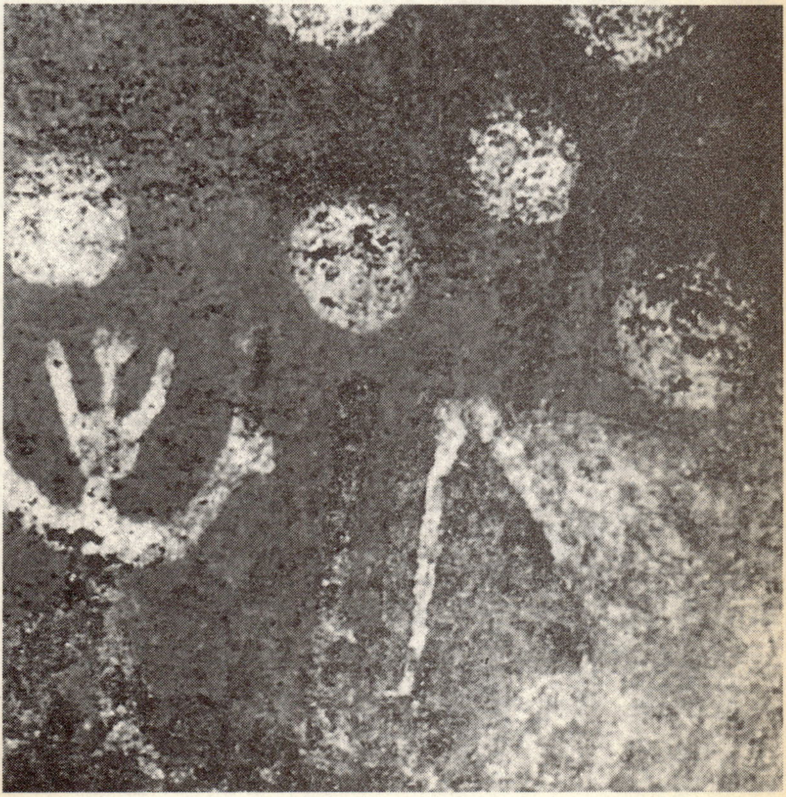

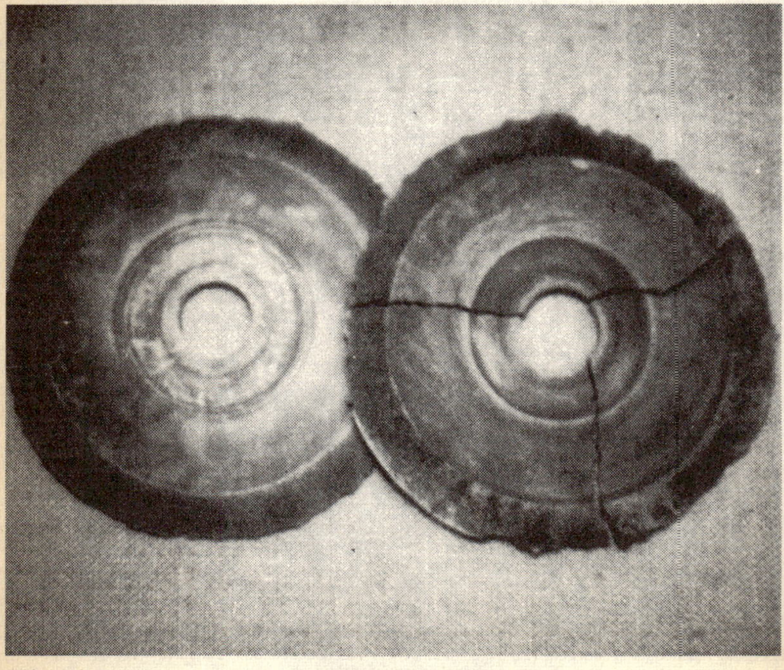

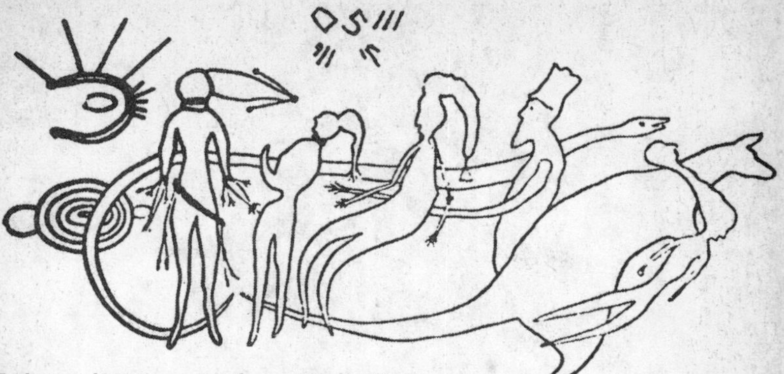

Hochgewachsene, europäisch anmutende Männer und Frauen auf einem australischen Höhlenbild. Links eine Figur in einer Art »Raumanzug« neben einer symbolisierten Darstellung unseres Sonnensystems (?). Besucher in der Traumzeit.

Bilder vorhergehende Seite: Mit künstlerischem Einfühlungsvermögen und sehr realistisch dargestellte Bisons in franko-kantabrischer Höhle. – Chibusan Grab: etwa 4000 Jahre altes Höhlenbild auf der japanischen Insel Hokkaido. Ein König begrüßt sieben fliegende Kugeln am Himmel.

Bilder linke Seite: Felszeichnung in Val Camonica, Italien. Hier sind astronautenähnliche Figuren festgehalten, wie sie auch in anderen prähistorischen Höhlenbildern und Felszeichnungen rund um die Welt gefunden wurden.
An der Grenze zwischen China und Tibet in einer Felshöhle des Bayan Kara Ula Gebirgsmassivs entdeckte, rätselhafte Granitscheiben. Eingeritzt darauf Schriftzeichen, die angeblich von den »Dropas« berichten, die vor 12 000 Jahren in ihren Raumschiffen vom Mars zur Erde gekommen sein sollen.

Bild nächste Seite:
Felszeichnung im Tassili-Gebirge (Sahara) zeigt sogenannten Marsmenschen.

Geflügelte sumerische Gottheit.
Ein Traum vom
Fliegen oder reale Flugtechnik?

tionsspanne wurde die Bodenprobe erhitzt und von einem Geigerzähler überprüft, um festzustellen, ob sich darin durch Aufnahme der radioaktiv markierten Gase organische Moleküle gebildet hatten. Die Pyrolyse (Auflösung durch Hitzeeinwirkung) zeigte ein positives Ergebnis. Das heißt, durch dieses Experiment wurden Anzeichen von Leben auf dem Mars nachgewiesen.

Das zweite – das Stoffwechselexperiment – sollte nachprüfen, ob es im Marsboden Mikroorganismen gibt, die bestimmte organische Stoffe »verspeisen« und »verdauen«. Insgesamt sieben, mit Kohlenstoff 14 markierte einfache chemische Verbindungen wurden in einer Nährlösung den Bodenproben beigegeben. Wenn ein erdähnlicher Organismus existierte, mußten durch die »verdauten« Nährstoffe Abfallprodukte entstehen. In diesem Fall würden dann Kohlendioxid, Kohlenmonoxid oder Methan freigesetzt, Gase, die vom Geigerzähler nachgewiesen werden konnten.

Dieses Experiment verlief tatsächlich auch positiv. Denn in den Bodenproben war irgend etwas vorhanden, das den Kohlenstoff in den radioaktiv gekennzeichneten Verbindungen oxidierte. Danach gibt es also Leben auf dem Mars.

Das dritte war das Gasaustauschexperiment. Es basierte auf der Annahme, daß es für Organismen lebensnotwendig ist, bestimmte Gase ein- und auszuatmen – also Gase mit der Umwelt auszutauschen. Insbesondere sollte dieses Experiment nachweisen, daß mit Nährlösung angereicherte Bodenproben molekularen Wasserstoff, Stickstoff, Kohlendioxid oder Methan freisetzen. Irdischen Erfahrungen zufolge vermehren sich bei uns Bodenbakterien und andere Mikroorganismen unter solchen Voraussetzungen besonders stark und zeigen dies durch einen schnellen, geometrischen Anstieg der Gasaustauschrate an.

Das Experiment verlief jedoch völlig anders als erwartet. Als nämlich den Bodenproben Wasser zugegeben wurde, kam es nur zu einer Freisetzung von ganz wenig Kohlendioxid, aber einer großen Menge von Sauerstoff. Auch die Gasabgabe selbst wich völlig vom gewohnten Bild ab, da sie anfangs zu steil anstieg, dann abflachte und weiterhin flach verlief, von einem geometrischen Ansteigen ganz zu schweigen.

Bis heute ist ungeklärt, wie eine Oxidation ohne die Freigabe gasförmiger Reduktionsprodukte wie Wasserstoff oder Methan stattfinden konnte. Eine biologische Aktivität scheint *danach* so gut wie ausgeschlossen zu sein.

In den drei Lebensnachweis-Experimenten stand es also 2 : 1 für Marsleben, zweimal ja, einmal nein. Unter diesen Umständen ist es kein Wunder, daß bei den Viking-Wissenschaftlern einige Verwirrung und Ratlosigkeit herrschte. Die Schürfarme der Viking-Lander hatten in bezug auf den Lebensnachweis nur Widersprüche in die Minilabors befördert.

An den Landestellen ergaben die Laboranalysen, daß der Marsboden vorwiegend aus Eisen, Aluminium, Kalzium, Silizium und Schwefel besteht. Er enthält unterschiedlich gemischte, feinkörnige Silikat- und Oxidmineralien mit einem hohen Anteil von hydriertem Sulfat. Das hohe Kalium-Kalzium-Verhältnis im Marsboden deutet darauf hin, daß er nicht so alkalireich ist wie zum Beispiel Granit. Die rostrote Färbung des Bodens und des Gesteins ist wahrscheinlich auf Eisenoxid zurückzuführen, das sich als feine Schicht auf den Silikatkörnern niedergeschlagen hat. Die Gesamtzusammensetzung der Mineralien auf der Marsoberfläche hat zwar irdischen Charakter, aber nichtsdestoweniger sind sie in ihren chemischen Reaktionen ziemlich exotisch. Sie lassen sich weder mit irdischen Mineralproben noch solchen von der Mondoberfläche oder von Meteoriten vergleichen. Wie wir gesehen haben, ist die spektakulärste Eigenschaft des Marsbodens, daß er auf Wasser durch Freigabe von *Sauerstoff* reagiert. Sollte das auf eine chemische Reaktion zurückzuführen sein, dann gibt es im Marsboden eine chemische Verbindung, die ein besserer Oxidationsstoff ist als Sauerstoff selbst.

In Laboratorien wurden chemische Verbindungen dieser Art zwar schon hergestellt, aber in natürlichen Mineralproben – ob von der Erde, vom Mond oder von Meteoriten – ist der Nachweis bisher noch nicht erfolgt. Eine Gruppe dieser Chemikalien kennen wir unter der Bezeichnung Superoxide. Und dieser Name wurde auch für die unbekannten Substanzen auf der Marsoberfläche übernommen.

Die hypothetischen Superoxide vom Mars müssen allerdings andere Merkmale haben als sie die uns bekannten aufweisen, ganz abgesehen davon, daß sich auch aus der chemischen Analyse der Marsbodenproben kein direkter Nachweis ableiten läßt.

Bei der Suche nach Leben auf dem Mars ging es vor allem darum, Menge und Art vorhandener chemischer Verbindungen zu analysieren. Wie wir ja wissen, spielt Kohlenstoff im Stoffwechsel auf der Erde die Hauptrolle. Bodenproben, selbst wenn sie aus Wüstengebieten der Erde stammen, enthalten im großen ganzen eine Vielfalt von Kohlenstoffverbindungen. Sie stammen aus den Überresten vergangener Organismen, und ihre Menge übersteigt die lebender Organismen um ein Vielfaches.

Obwohl Kohlenstoff ein variationsfähiges, weitverbreitetes Element ist, muß die Entstehung von Leben nicht unbedingt auf Kohlenstoffverbindungen basieren. Selbst die Entdeckung kohlenstoffhaltiger, organischer Substanzen im Marsboden wäre kein uneingeschränkter Hinweis auf Leben. Denn bestimmte Meteoriten, die kohlenstoffhaltigen Chondriten, haben organische Verbindungen in sich, die nicht durch biologische Prozesse entstanden sind.

In den Theorien um die Entstehung des Lebens auf der Erde gewinnen Meteoriten immer mehr an Bedeutung. Das trifft mit großer Wahrscheinlichkeit auch auf andere Welten zu, wie aus Forschungsergebnissen der letzten Jahre hervorgeht. Um das zu verdeutlichen, wollen wir einen kleinen Zeitsprung in unsere Vergangenheit machen:

Wir sind im Jahr 1806. Am 17. März waren der Landarbeiter Reboul und sein Sohn nahe dem Ort Valence in Südfrankreich auf dem Feld. Gegen 17.30 Uhr schreckte sie ein Kanonenschuß, wie sie glaubten, während der Arbeit auf. Das sonderbare, anhaltende Grollen schien vom Himmel zu kommen. Als sie angestrengt nach oben starrten, um die Herkunft des Geräusches zu lokalisieren, stürzte etwas herunter und bohrte sich in ihrer Nähe in den Acker. Reboul wühlte einen kinderkopfgroßen schwarzen Brocken aus dem Boden, der in drei Stücke zerborsten war. Nur widerwillig überließ er schließlich später Fachleuten, die ihm zugesetzt hatten, ein Stück seines Fundes. Andere Feldarbeiter, denen das gleiche widerfahren war, hatten einen ähnlichen Brocken sichergestellt. Wie sich herausstellte, stammten die Funde aus dem ersten *bekannten* Niedergang eines kohlenstoffhaltigen Meteoriten, der Alais-Meteorit genannt wurde.

Zwanzig Jahre später fiel dem schwedischen Chemiker J. Jakob Berzelius eines dieser Bruchstücke in die Hände. Zunächst bestritt er dessen meteoritischen Ursprung, da der Brocken wasserlöslich war und zerbröckelte. Zu Beginn des 19. Jahrhunderts waren nur drei Meteoritenarten bekannt, nämlich aus Eisen und Nickel bestehende Eisenmeteoriten, dann die reinen Gesteinsmeteoriten und weiterhin Gesteinsmeteoriten mit kugeligen Einschlüssen.

Berzelius ließ sich erst nach nochmaligem Studium des Untersuchungsbefundes über den Vorfall bei Valence von der Echtheit des Meteoriten überzeugen, zumal eine durch Hitze verschmolzene feine Schicht der ursprünglichen Oberfläche den Beweis meteoritischer Herkunft erhärtete.

Nach eingehender Prüfung fand Berzelius reiche Kohlenstoffverbindungen, wie sie im Humus vorkommen. »Ist damit etwa der Beweis außerirdischen Lebens erbracht?« fragte der Wissenschaftler in seinem Bericht.

Vier Jahre später ging ein weiterer dieser seltsamen Meteoriten in den südafrikanischen Cold-Bokkeveld-

Bergen nieder. Und 1857 wurde im ungarischen Debreczin der dritte seiner Gattung gefunden. Der namhafteste unter den Berzelius-Schülern, der aus Göttingen stammende Friedrich Wöhler, wurde mit der Untersuchung der beiden neuen Funde beauftragt. Er entzog dem Cold-Bokkeveld-Meteoriten Öl mit teerigem Geruch. Nach genauer Analyse beider Funde kam er zu dem Schluß, daß nach den derzeitigen Erkenntnissen »Substanzen dieser Art nur durch lebende Organismen produziert werden können«.

Eine der hitzigsten Kontroversen wurde 1961 ausgelöst, als Brian Mason vom Amerikanischen Museum für Naturgeschichte in New York vorzuschlagen wagte, neue Methoden zur chemischen Analyse bei einer nochmaligen Untersuchung des Orgueil-Meteoriten anzuwenden. Dieser war am 14. Mai 1864 um 20 Uhr in Orgueil bei Toulouse/Frankreich niedergegangen. Französische Chemiker, die ihn wenig später untersucht hatten, stießen auf eine ungewöhnliche Zusammensetzung: neben ungefähr einem Dutzend metallischer Oxide wurden Schwefel, Chlor und Phosphor in ungebundenem Zustand entdeckt. Zusätzlich fanden die französischen Wissenschaftler Ammoniak, Wasser und organische Verbindungen.
Obwohl diese Kohlenstoffverbindungen nicht unbedingt biologischer Herkunft sein müssen, verglich sie der französische Chemiker Marcelin Berthelot mit pflanzlichen Kohlenstoffverbindungen.
Ein Bericht an die New Yorker Akademie der Wissenschaften über die neuesten Analysen des Orgueil-Meteoriten stammt von Bartholomew Nagy und Douglas

Hennessy von der amerikanischen Fordham-Universität sowie Warren Meinschein von der Esso Research and Engeneering Company. In diesem Bericht wurde die Behauptung über den »ersten physikalischen Beweis für die Existenz außerirdischer Lebensformen« aufgestellt. Durch fortschrittliche Methoden fanden die Wissenschaftler im Orgueil-Meteoriten eine Reihe komplexer Kohlenhydratverbindungen ähnlich jenen, die in irdischen Lebewesen vorhanden sind. Meinscheins Äußerung dazu: »Wir glauben, daß dort, von wo auch immer dieser Meteorit hergekommen sein mag, Leben existiert.«

Am 28. September 1969 ging im australischen Murchison ein Meteorit nieder, der zur Gruppe der kohlenstoffhaltigen Chondriten gehört. In ihm wurden einwandfrei *außerirdische* Aminosäuren und andere komplexe organische Moleküle nachgewiesen.

Beim Zusammenprall von Meteoriten mit der Erdatmosphäre erhitzt sich die äußere Schicht der Meteoriten bis zum Schmelzpunkt. Irgendwelches im Kern befindliche Material kann also keinesfalls irdischen Ursprungs sein – noch dazu, wenn der Meteorit älter ist als die primitivsten Fossilien der Erde. Der Gießener Geologe Professor Hans Dietrich Pflug analysierte Meteoritenkerne mit Hilfe des Rasterelektronenmikroskops und entdeckte nicht nur große Mengen von Mikrofossilien, sondern eindeutig auch Mikroben. Hier stellt sich die interessante Frage: Kam Leben aus dem All zur Erde?

Die Anzahl der jährlich auf dem gesamten Erdball niedergehenden Meteoriten wird auf elftausend geschätzt, von denen aber nicht mehr als sieben zur wissenschaftlichen Untersuchung gelangen. Durch Meteoritenstaub nimmt die Erde um täglich sechstausend Tonnen an Masse zu! Bei gleichmäßiger Verteilung entspräche das im Lauf von 4,7 Milliarden Jahren einer 22,5 Kilometer hohen Schicht.

Auch der Mars wurde seit seiner Entstehung von einer großen Anzahl Meteoriten bombardiert, und dabei müßte seine Oberfläche mit Kohlenstoffverbindungen eingedeckt worden sein.
Kontrollexperimente auf der Erde haben zudem gezeigt, daß ultraviolette Strahlen der Sonne in einer marsähnlichen Atmosphäre zur Synthese organischer Verbindungen führen können.
Die NASA-Wissenschaftler beschäftigte vor allem die Frage, welcher Art und Herkunft organische Verbindungen sein könnten, die eventuell im Marsboden gefunden würden. Waren sie zurückzuführen auf

- Meteoriten?
- nichtbiologische Synthese in der Atmosphäre?
- Leben, wie wir es kennen?
- ein bisher unbekanntes Muster, das vielleicht eine uns fremde, neue Lebensform andeutet?

Die Viking-Mission war natürlich in der Durchführung organischer Analysen auf leichtgewichtige, automatisierte Instrumente angewiesen. Besonders geeignet schien hier die Kombination von Gaschromatographen – GC – und Massenspektrometern – MS. Wird beispielsweise eine absolut unbekannte Substanz wie die Marsbodenproben erhitzt, ist ein GC zu einer vollständigen Analyse nicht ausreichend. Aus dem GC

ginge zwar die Anzahl der vorhandenen Verbindungen hervor, und daß Gase freigesetzt wurden, aber über die Identität jeder einzelnen Substanz könnte der Gaschromatograph nichts aussagen, da ja von vornherein unbekannt war, welche Verbindungen es auf der Marsoberfläche gibt. Die endgültige Identifikation war nur durch die vom Massenspektrometer gelieferte Auswertung möglich.
Die Kombination eines GC-MS-Instrumentariums war auf der Erde mit Erfolg bei der Untersuchung von Bodenproben, Bakterien und Meteoritenproben angewandt worden. Die Analysemuster irdischer Bodenproben ähnelten zwar denen von Bakterien, unterschieden sich aber wesentlich von denen der Meteoriten.
Die Untersuchungsresultate der Marsbodenproben durch die Viking-Laboratorien lösten Befremden aus. Denn in der Umgebung der Landeroboter wurden von den empfindlichen Instrumenten keine Kohlenstoffverbindungen registriert. Es gab keine Daten zu analysieren und keine Muster zu interpretieren. Die Menge organischer Verbindungen unterschritt sogar noch die wenigen in den Mondproben gefundenen Spuren.

Obwohl also diese Ergebnisse negativ ausfielen, gab es dafür Erklärungen: Möglicherweise existierte auf dem Mars keine auf Kohlenstoffbasis aufgebaute Lebensform. Vielleicht war auch die durch Meteoriteneinschlag oder durch Synthese in der Atmosphäre produzierte Menge organischer Verbindungen weitaus geringer als erwartet. Zudem konnte nicht ausge-

schlossen werden, daß durch einen oder mehrere der beschriebenen Prozesse zwar organische Verbindungen entstanden, dann aber auf der Planetenoberfläche vernichtet worden waren.
Eine ganze Reihe von Stoffen wurde in Erwägung gezogen, die organische Verbindungen zerstören, wie beispielsweise Superoxide oder die Verbindung von Sauerstoff und ultravioletten Strahlen und nicht zuletzt ein im Boden vorkommender unbekannter Katalysator.
Auch mit der Möglichkeit einer Selbstreinigung von Mars-Mikroorganismen mußte gerechnet werden. Das heißt, sie könnten sowohl ihre eigenen Überreste als auch jedes andere auf den Mars »herabrieselnde« organische Material verwerten. In einem solchen Fall waren die GC-MS-Instrumente nur durch Reaktion auf die Organismen selbst in der Lage, Leben aufzuspüren.
Schätzungen zufolge kann ein Gramm Erde eine Million Bakterien enthalten, die der Empfindlichkeit eines GC-MS-Gerätes trotzdem entgehen. Selbst nach irdischen Maßstäben wäre das viel. Alles in allem erfüllten die GC-MS-Analysen in keiner Weise die in sie gesetzten Erwartungen.
»Alles in allem verliefen die biologischen Experimente der Viking-Lander positiv und die organischen Analysen negativ. Wir hatten das Gegenteil erwartet: eine Fülle organischer Verbindungen, aber keinen Hinweis auf Stoffwechsel. Es war, als hätten wir gehofft Instrumente zu finden, aber keine Musik. Statt dessen stießen wir auf Musik ohne Instrumente. Die offensichtlichen Widersprüche verwirrten uns«,

schreiben der Chemiker Robert Shapiro, Professor an der New Yorker Universität, und der Physikprofessor Gerald Feinberg von der amerikanischen Columbia-Universität in »Life beyond earth«.

Je nach Auslegung der Viking-Resultate ziehen Shapiro und Feinberg folgende Alternativen für die Existenz von Mikroorganismen auf dem Mars in Erwägung:

1. Die Minilabors der Viking-Lander entdeckten in den Bodenproben aktive, auf dem Mars weitverbreitete Lebensformen. Sollte dies zutreffen, hätten sich diese Mikroorganismen ihrer Umwelt weitgehend angepaßt.
2. Auf der Marsoberfläche existiert zwar weitverbreitet Leben, war aber in den Bodenproben nicht enthalten. An einigen Gesteinsbrocken wurde eine Grünfärbung festgestellt, die auf Flechten hindeuten könnte. Es erfolgte aber keine Untersuchung durch die Labors der Lander.
3. Nur in ganz bestimmten Gebieten des Mars existieren Lebensformen.

Die Frage, ob es auf dem Mars Leben gibt oder nicht, ist nach wie vor offen. Jedenfalls ist der namhafte amerikanische Physiker Robert Jastrow aufgrund der Viking-Daten der Ansicht, daß heute auf dem Mars Leben existiert oder wenigstens etwas, das Leben nachahmt. Einige durch die widersprüchlichen Daten verunsicherten Wissenschaftler ließen sich dagegen dazu hinreißen, Leben auf dem Mars für unmöglich zu erklären.

Kontrollexperimente auf der Erde haben in der Zwischenzeit jedoch eindeutig bewiesen, daß diese

Schlußfolgerung auf tönernen Füßen steht. Denn in den Trockentälern der Antarktis wurden die auf dem Mars durchgeführten Experimente wiederholt, da die klimatischen Bodenbedingungen in diesem Gebiet weitgehend mit denen vom Mars übereinstimmen. Es stellte sich heraus, daß die in der Antarktis erzielten Resultate mit denen vom Mars völlig identisch sind. In anderen Worten: Die biologischen Experimente waren sowohl auf der Erde als auch auf dem Mars positiv und die organischen Analysen in beiden Fällen negativ.

Diejenigen, die Leben auf dem Mars für unmöglich erklärt haben, sollten nun die peinliche Frage beantworten: Gibt es Leben auf der Erde?! Ihren Kriterien zufolge müßten sie irdisches Leben – sich selbst eingeschlossen – für unmöglich erklären.

Setzen wir also voraus, daß es auf der Erde doch Leben gibt, dann stellt sich zuerst einmal die Frage, ob es tatsächlich einzigartig oder ob der Entstehungs- und Entwicklungsprozeß von Leben im Universum bei entsprechenden Voraussetzungen ein alltäglicher Vorgang ist. In diesem Zusammenhang deuten neueste Erkenntnisse an, daß das Fundament unseres herkömmlichen Weltbildes möglicherweise auf Sand gebaut wurde. Dazu tragen nicht zuletzt rätselhafte Entdeckungen der Viking-Orbiter bei.

8

Glaubenskrieg um die Biogenese

Sobald wir uns mit der Entstehung und Entwicklung des Lebens befassen, stoßen wir auf Widersprüche, konträre Theorien und Wissenslücken unter Evolutionsbiologen und Anthropologen.
Vor allem scheint die Datierung beziehungsweise die zeitliche Festlegung bestimmter Entwicklungsphasen irdischen Lebens besondere Probleme aufzuwerfen. Generell betrachtet gibt es zwei Lager, deren jeweilige Anhänger ihren Standpunkt über die Herkunft des Lebens sozusagen mit Klauen und Zähnen verteidigen. Die einen beharren auf der Einzigartigkeit irdischen Lebens, das Zufallsprozessen zu verdanken sei, während die anderen sich nicht davon abbringen lassen, daß Leben von außen, also aus dem Weltall, zur Erde gelangte.
Wenn wir versuchen, den Begriff Leben zu definieren, so charakterisieren sich irdische Lebensformen durch Energiestoffwechsel und Informationsaustausch. Auf diese Weise werden folgende Vorgänge ermöglicht:

- Form- und Farbwechsel sowie selbständige Bewegung.
- »Identische Reduplikation« = Selbstverdoppelung der Zelle als Grundeinheit des Lebens. In vielzelligen Organismen äußert sich der Prozeß in Form von Wachstum und Vermehrung.

– »Modifikation« = Veränderung von Eigenschaften lebender Individuen, um sich an wechselnde Umweltbedingungen anzupassen.
– »Mutation« = sprunghafte Veränderung der Erbmasse, die meist als Folge wechselnder Umwelteinflüsse auftritt. Sie kann sich nicht nur auf einzelne Gene auswirken, sondern auch auf ganze Chromosomen, die Anzahl der Chromosomen oder das Cytoplasma (die lebende Substanz in der Zelle).

Durch Energieaufnahme aus der Umwelt wird innerhalb eines zeitlich und räumlich begrenzten Systems ein Zustand erhöhter Ordnung beziehungsweise verminderter Entropie aufrechterhalten. Und anscheinend hat sich das Ausmaß dieser Biogenese durch zunehmende Differenzierung laufend erhöht. In den am höchsten entwickelten Lebewesen entstand schließlich eine Fähigkeit, die wir Bewußtsein nennen. Sie konnten von nun an denken, vorausplanen und handeln, um den Verlauf natürlicher Ereignisse zu beeinflussen.

Auf der Erde hängt die Existenz des Lebens von einer Reihe komplexer chemischer Verbindungen ab, deren Funktionen sich im Verlauf der Evolution nicht geändert haben. Irdisches Leben und seine Entwicklung sind von Nukleinsäuren und Proteinen abhängig, die in der Zelle vorhanden sein müssen.

Bisher wirkten diese beiden Schlüsselsubstanzen nach unverändert gebliebenen Regeln zusammen. Denn der sogenannte genetische Code trifft auf alle irdischen Lebensformen zu. Dieser Informationsträger bestimmt bei der Fortpflanzung die jeweiligen

Erbanlagen und die genetische Verwandtschaft der Lebensformen untereinander.
Heutigen Erkenntnissen zufolge entstand Leben durch den Zusammenschluß von Molekülen zu Molekularverbänden – die sogenannte Polimerisation. Aus anorganischen Molekülen hatten sich organische gebildet, die ihrerseits aus Atomen einer begrenzten Anzahl von chemischen Elementen wie Wasserstoff, Sauerstoff, Kohlenstoff, Stickstoff, Phosphor, Schwefel, Chlor, Eisen und einigen Leichtmetallen bestehen.
Grundsätzlich kann die Schwelle zwischen lebloser und lebender Materie überschritten werden, wenn zur Proteinsynthese befähigte Nukleinsäuren mit den zur Synthese benötigten Aminosäuren als Bausteine zusammentreffen.
Einige Evolutionsbiologen gehen davon aus, daß

1. Leben auf der Erde ein einmaliger Zufall im Universum sei;
2. sich auf der Erde Atome zu Molekülen verbunden hätten und diese zu Makromolekülen;
3. die DNS (Desoxyribonukleinsäure) und schließlich die Zelle aus einer endlosen Kette von Zufällen und physikalischen Wechselwirkungen entstanden seien;
4. die Zelle als kleinste lebende Einheit die Basis der biologischen Evolution sei; die Weiterentwicklung beruhe auf Mutation und Selektion, also auf Veränderung, Auswahl und Anpassung.

So ergibt sich das folgende »Szenario«:
Vor etwa 4,7 Milliarden Jahren bildete sich unser Sonnensystem aus einer interstellaren Staub- und Wasserstoffwolke. Diese Urwolke verdichtete sich mit

zunehmender Geschwindigkeit durch die Einwirkung von Schwerkraft und von Schockwellen explodierender Sterne, sogenannter Supernovae. Aus darüber angestellten Berechnungen geht hervor, daß sich dieser Prozeß über nur zehn Millionen Jahre hinzog, und zwar solange, bis die Sonne ihre jetzige Masse in etwa erreicht und sich im Verlauf des Verdichtungsprozesses soweit erhitzt hatte, daß die Kernfusion einsetzen konnte. Dieser Zeitpunkt war die Geburtsstunde unserer Sonne. Aus dem sie umkreisenden Sonnennebel, einer flachgepreßten Staub- und Gasmasse, begannen sich nun die Planeten herauszubilden. Das große »Aussondern« von Rohstoffen setzte ein. In der Nähe der Sonne sammelten sich die schweren Elemente, die leichteren dagegen in größerem Abstand.

Durch die elektrische Ladungsverteilung wurde eine Zusammenballung winziger Staubpartikel in erbsengroße Klümpchen bewirkt. Während sie die Sonne in großen Schwärmen umrundeten, vereinigten sie sich zu Brocken von etwa einem Meter Durchmesser. Und bedingt durch die Schwerkraft vergrößerten sich diese Brocken zu Asteroiden und Kometen von etwa einem Kilometer Durchmesser. In ihrem Sonnenumlauf behinderten sich diese kleinen Himmelskörper gegenseitig. Voneinander angezogen wurden sie gewissermaßen »verkettet« und wuchsen so auf die Größe von Planeten heran.

Nach diesem Modell wurde in einer Computerstudie nachvollzogen, wie sich ein Asteroidenschwarm von der Gesamtmasse der vier inneren Planeten unseres Sonnensystems (Merkur, Venus, Erde, Mars) verhält. Es stellte sich heraus, daß die Asteroiden tatsächlich

voneinander angezogen wurden und vier Planeten formten.
Untersuchungen zufolge hat die Erde etwa die Hälfte ihrer heutigen Masse in den ersten zwanzig Millionen Jahren der Entstehung unseres Sonnensystems angehäuft. Nach fünfzig Millionen Jahren war sie bereits auf fünf Sechstel ihrer endgültigen Größe angewachsen und nach hundert Millionen Jahren vollendet.
Die unterschiedlichen Wachstumsraten der Erde haben die Verflüssigung und Trennung der inneren Erdregionen bewirkt. So entstand der Eisenkern, auf dem der feste innere »Erdmantel« schwimmt. Anderes Gestein verflüssigte sich dagegen nur teilweise. Obwohl die junge Erde von heftigen Vulkanausbrüchen heimgesucht wurde, gab es wahrscheinlich schon vor 4,4 Milliarden Jahren viele Regionen, die für eine Speicherung von Wasser kühl genug waren.
Darüber hinaus ergibt sich aus der Weltraumforschung ein weiterer Hinweis auf die Entstehung unseres Planeten. Danach dürfte die Atmosphäre der frühen Erde jener von Mars und Venus ähnlich gewesen sein und vorwiegend aus Kohlendioxid bestanden haben. Bisher blieb jedoch ungeklärt, ob und in welchem Ausmaß diese Verbindungen von Asteroiden stammen, durch Vulkanausbrüche an die Erdoberfläche geschleudert wurden oder aus aufschlagender Materie verdampften.
Die Riesenplaneten unseres Sonnensystems – Jupiter, Saturn und Uranus – setzen sich vorwiegend aus Wasserstoff und Helium zusammen. Mit ihren Ringwolken und zahlreichen kleinen inneren und größeren äußeren Monden wirken sie beinahe wie Miniatur-Plane-

tensysteme. Zwischen den inneren und äußeren Planeten rotiert der Asteroidengürtel – ein Rest aus der Urzeit der großen Ringwolken.
Uranus, Neptun und Pluto sind am weitesten von der Sonne entfernt. Sie bestehen aller Wahrscheinlichkeit nach weitgehend aus Eis und dürften daher am ehesten aus Kometen entstanden sein.
So wurde unser Sonnensystem aus einer Gas- und Staubwolke geboren – ein Stern, neun Planeten mit ihren Monden, Tausende von Asteroiden und hundert Milliarden Kometen. Im leuchtenden Zentralgestirn sind 99 Prozent der Materie gebunden, während sich aus dem Rest die dunklen Begleiter der Sonne, die Planeten, entwickelt haben.

Nach Meinung der zufallsgläubigen Evolutionsbiologen hat sich nun folgendes zugetragen:
Auf der frühen Erde kristallisierten sich in strahlengeschützten Flüssigkeitstümpeln, vermutlich Wasser, die biologischen Bausteine des Lebens heraus. Sie schwammen wie »Buchstaben« in der Ursuppe herum und wurden dann durch Energiezufuhr, beispielsweise Gewitterblitze, Wärmeausstrahlung vulkanischer Tätigkeit, Radioaktivität, ultraviolette Sonnenstrahlen, Schockwellen von Erdbeben oder Meteoriteneinschläge, »verrührt«, bis sie sich zu »Wörtern« und schließlich zu »Informationsträgern« verbanden.
In der Ursuppe wurde dieses Zusammentreffen innerhalb winziger, mit hochpolymeren Molekülen angereicherter Koazervate (Tröpfchen) begünstigt. Nachdem sich in den Koazervaten die ersten Protobionten gebildet hatten, ging die Entwicklung des Lebens

nach dem Motto »trial and error« (Versuch und Irrtum) weiter. Durch wiederholt auftauchende, winzige Ungenauigkeiten in der genetischen Informationsübertragung wurde es zu ständig neuen Varianten angeregt, die entweder lebenstüchtiger waren oder untergingen. Nach dieser natürlichen »Auslese« blieben nur die anpassungsfähigsten Lebensformen übrig.

Wissenschaftler wurden durch Studien frühzeitlichen Felsgesteins in ihrem Verdacht bestärkt, daß sich die Uratmosphäre der Erde von der heutigen stark unterschieden haben muß. Die Vermutungen gehen dahin, daß diese frühe Atmosphäre keinen freien Sauerstoff enthielt und sich aus Methan, Ammoniak, Wasserstoff, Wasserdampf und möglicherweise noch aus anderen Gasen zusammengesetzt haben dürfte.

Der Biochemiker Stanley Miller versuchte 1953 die Uratmosphäre in einem Experiment nachzuahmen. Er vermengte Methan, Ammoniak und Wasser in Glaskolben und setzte diese »Uratmosphäre« künstlich erzeugten Blitzen aus. Auf diese Weise bildeten sich organische Moleküle, darunter auch Aminosäuren, die Bausteine des Lebens. Nun ist die Entstehung organischer Verbindungen ein Kapitel – ein ganz anderes ist jedoch der Schritt zur Bildung von Leben, also zur reduplikationsfähigen Substanz, zum genetischen Code der Nukleinsäuren oder, anders gesagt, der Schritt zum Fortbestehen, zur Vermehrung und Differenzierung. Dieser Schritt liegt immer noch im Dunkeln.

Die Hypothese, biologische Bausteine könnten wie Buchstaben in der Ursuppe herumgeschwommen und

dann durch Energiezufuhr »umgerührt« worden sein, bis sich rein zufällig »Worte« und schließlich »Sätze« geformt hätten, kann nicht überzeugen. Dazu hätte wohl kaum die Zeit ausgereicht, denn relativ kurz nach der Entstehung der Erde haben sich bereits die ersten Lebensformen gebildet.
Bisher wurden die ältesten Spuren biologischer Substanz in 3,8 Milliarden Jahre altem präkambrischen Sedimentgestein aus Grönland nachgewiesen. Für die Entstehung des Lebens dürfte der *reine Zufall* wohl kaum ausreichen. Selbst wenn wir Präferenzen, also die Bevorzugung bestimmter Atome oder Moleküle zueinander, in Erwägung ziehen, gibt es dennoch keine lückenlose Erklärung.
Der Direktor des Polymer-Instituts der Universität Karlsruhe, Professor Dr. Bruno Vollmert, stellte fest, daß weder die ersten primitiven Zellen in der Ursuppe noch die im Lauf der Erdgeschichte aufgetretenen Arten von Lebewesen mit ihren von Stufe zu Stufe längeren DNS-Molekülen von selbst hätten entstehen können.
»Wo dieses Makromolekül nicht von selbst entstehen kann, ist auch Leben nicht in der Lage, von selbst zu entstehen. Von der Entstehung oder Synthese von Makromolekülen weiß man indessen durch jahrzehntelange, sorgfältige experimentelle Forschungsarbeit zuviel, als daß ein Polymer-Chemiker sich einreden könnte oder einreden ließe, in Ursuppen könnten zufällig von selbst Makromoleküle von der Art der DNS entstehen.
Dasselbe gilt auch für das spätere Kettenwachstum des DNS-Makromoleküls im Laufe der Erdgeschichte

von einer Tierklasse zur nächst höheren. Und Darwinismus ist daher eine Weltanschauung, eine Ideologie, und nicht eine wissenschaftlich bewiesene Theorie...

Ich halte daher den Darwinismus für einen verhängnisvollen Irrtum, der seinen beispiellosen Erfolg letztlich wieder einem anthropozentrischen Wunschdenken verdankt«, schreibt Vollmert in »Das Molekül und das Leben«.

Demnach ist es höchst unwahrscheinlich, daß eine Reihe von Zufällen auch nur zur Bildung des kleinsten Protein-Moleküls geführt hätte.

So weist zum Beispiel der Cambridge-Astrophysiker Fred Hoyle nach, daß die Zufallschance für die Entstehung der Struktur von zweitausend Enzymen 1 zu 1 gefolgt von vierzigtausend Nullen steht. Stellen wir uns doch einen Affen vor, der auf einem Klavier herumklimpert. Selbst wenn er eine Milliarde Jahre leben und auf die Tasten hauen würde, ist wohl auszuschließen, daß dabei zufällig das 1. Klavierkonzert von Brahms herauskäme.

Dagegen warten Fred Hoyle und sein Mitarbeiter Nalin Chandra Wickramasinghe mit einer überzeugenden Theorie über die Herkunft des Lebens auf. Danach muß es auf der Erde nicht völlig neu entstanden sein.

Wie wir gesehen haben, entwickelte sich unser Planetensystem aus kosmischem Staub. Nun wird unser Sonnensystem von Abermilliarden kometenähnlichen Körpern wie von einem Kranz umgeben, und jährlich werden mehrere dieser Kometen von ihren Umlaufbahnen abgelenkt. Sie gelangen so in die in-

neren Regionen unseres Sonnensystems, wo es zu Kollisionen mit den Planeten, also auch mit der Erde, kommen kann. Obwohl selten ein direkter Zusammenstoß erfolgt, prasseln doch jährlich schätzungsweise Tausende von Tonnen Kometentrümmer auf die Erdoberfläche, deren chemische Zusammensetzung weitgehend den Bausteinen des Lebens entspricht.
Könnte irdisches Leben demnach nicht durch die Einwirkung von Mikroorganismen aus dem Weltall entstanden sein?
Theoretisch spricht nichts dagegen.
Bei der Geburt von Sternen spielen Myriaden fester Partikel von weniger als einem tausendstel Millimeter Durchmesser eine ausschlaggebende Rolle. Und in der Milchstraße existieren Millionen von Materiewolken aus eben solchen Teilchen.
Schon vor Jahren taufte der amerikanische Astronom Lymen Spitzer diese winzigen Partikel in den interstellaren Wolken Interstellarsporen. Hoyle und Wickramasinghe befaßten sich bereits 1962 mit dieser Materie. Nach vielen ergebnislosen Identifikationsversuchen gelang es ihnen schließlich, diese Sporen mit Hilfe der Teleskope des »International-Ultraviolet-Explorer-Satellite« als Mikroorganismen interstellaren Ursprungs zu identifizieren.
Die astronomischen Beweise sind überzeugend. Denn die Art, wie diese Teilchen Strahlung verstreuen, absorbieren und polarisieren, weist für Hoyle eindeutig auf ihre bakterielle Zusammensetzung hin.
Die Eigenschaften dieser Partikel lassen sich auch nicht annähernd zufriedenstellend durch ein anorganisches Modell erklären. Wenn sie allerdings gefrier-

getrocknete Mikroorganismen sind – einige lebensfähig, andere in den verschiedenen Stadien der Inkohlung (Umwandlung in Kohle unter Luftabschluß), wäre eine Erklärung möglich. Sollte sich der kosmische Staub also tatsächlich größtenteils aus Mikroorganismen zusammensetzen, lag die Suche nach spektroskopischen Merkmalen der Proteine im Wellenbereich der ultravioletten Strahlung auf der Hand. Und genau das haben Hoyle und Wickramasinghe getan. Mit Hilfe der Explorer-Satellitenteleskope entdeckten sie charakteristische Proteinabsorptionen im Wellenbereich von 2800 Ångström (1 Å = 10^{-8} cm). Darin sahen die Wissenschaftler eine Bestätigung ihrer These, daß es in der Tiefe des Weltraums Mikroorganismen gibt.

Ihrer Schätzung nach verteilt sich eine Gesamtmasse von 10^{33} Tonnen Mikroorganismen auf unsere Milchstraße, die dort bei 30° über dem absoluten Nullpunkt (−273,16 °C) »auf Eis« liegen. Die Existenz von Bakterien im Weltraum deckt sich völlig mit den Resultaten, die durch Laborversuche über die extreme Widerstandsfähigkeit solcher Mikroorganismen bei niederen Temperaturen und hohen Strahlungsdosen im luftleeren Raum bekannt sind.

Diese Urformen des Lebens halten in den äußeren Regionen des Planetensystems unzählige kometenähnliche Himmelskörper besetzt. Unter deren gefrorener Kruste vermehren sich dann diese Mikroorganismen, da es ihnen an Wasser nicht mangelt. Sobald Kometen auf ihrer Umlaufbahn der Sonne zu nahe kommen und ein Teil ihrer Materie verdampft, wird ein Bruchteil der Mikroorganismen in den Weltraum

geschleudert. Damit beginnt der Zyklus des Einfangens und Abstoßens von neuem.
Die Erde empfing von Anfang an die von Kometen gelieferten Mikroorganismen. So wie alle auf der luftleeren Mondoberfläche niedergehenden Organismen zugrunde gehen, wurde auf der Urerde das Überleben dort eintreffender Organismen durch ungünstige physikalische Bedingungen verhindert. Doch nachdem auf der Erde Meere und eine Atmosphäre entstanden waren (die hauptsächlich auf die durch Kometeneinschläge gelieferten Rohmaterialien zurückzuführen sein dürften), stand der Entfaltung der kosmischen Lebenskeime (Mikroorganismen) nichts mehr im Wege. Hoyle und Wickramasinghe vermuten, daß die ersten entwicklungsfähigen Lebenskeime vor etwa 3,83 Milliarden Jahren aufgetaucht sind; also etwa zu dem Zeitpunkt, als in Westgrönland die Ablagerung der sogenannten Isua-Sedimente erfolgte. Hier wurden Spuren fossiler Mikroben entdeckt. Der »Nachschub« kosmischer Mikroorganismen hält nach Ansicht der beiden Wissenschaftler unvermindert an und löst in einigen Fällen bei Pflanzen und Tieren sogar Krankheiten aus. Zumindest sei hier die Überlegung erlaubt, ob nicht auf diesem Wege das tödliche Aids-Virus aus dem Weltall zu uns gelangt ist.
Am wichtigsten dürfte jedoch sein, daß die Evolution der Lebensformen auf unserer Erde allem Anschein nach vorwiegend von neu auftauchenden genetischen Informationen durch kosmische Mikroorganismen bestimmt wird. Als Konsequenz daraus ergäben sich spontane Evolutionssprünge durch Geninstruktionen aus dem All.

Hoyle und Wickramasinghe sind der festen Überzeugung, daß interstellare Lebenskeime auch in anderen Galaxien vorhanden sind. Denn in der Galaxie NGC 891 – einem Millionen Lichtjahre von uns entfernten Sternensystem – haben sie eine Staubstraße entdeckt und analysiert. Das Ergebnis dieser Forschung untermauert ihre Ansicht, daß tatsächlich Lebenskeime in den Kosmos geschleudert werden.
Zudem wurde in der großen Magellanschen Wolke, einem in unserer Nähe befindlichen Sternensystem, festgestellt, daß die optischen Eigenschaften von Weltraumsporen mit den von Bakterien erwarteten identisch sind.
Ein zusätzlicher Beweis für ihre Theorie ist für die beiden Wissenschaftler die Entdeckung organischer Verbindungen in Meteoriten.
Als nahe dem mexikanischen Dorf Pueblito de Allende am 8. 2. 1969 ein Meteorit niederging, warteten in den USA mehrere Laboratorien darauf, die ersten vom Mond stammenden Gesteinsproben unter keimfreien Bedingungen untersuchen zu können. Der in Mexiko niedergegangene Meteorit kam ihnen daher ganz gelegen, da sie die Wartezeit mit der Untersuchung eines seiner Bruchstücke überbrücken konnten. Die in den Laboratorien der amerikanischen McDonnell-Douglas-Flugzeugwerke in St. Louis durchgeführte gaschromatographische Analyse ergab geringe Mengen an Kohlenwasserstoffverbindungen, wie zum Beispiel Benzol, Toluol und Alkane (Paraffine). Es war nicht einmal möglich, diese organischen Substanzen aus feinstem Meteoritenstaub im künstlichen Vakuum herauszulösen. Sie waren mit allem

anorganischen Gestein völlig »verschmolzen«. Eine Verunreinigung des Meteoriten mit irdischen Substanzen war also völlig ausgeschlossen. Vergleiche mit Proben des Murchison-Meteoriten ergaben, daß der mexikanische Meteorit eine hundertmal höhere Konzentration von Aminosäuren aufwies.

Noch einmal Hoyle und Wickramasinghe:

»Was das Leben auf unserem Heimatplaneten betrifft, behaupten wir: Das Leben befand sich als bakterielle Zellen in den Kometen. Die Kometen im Sonnensystem enthalten den weitaus größten Teil des verdampfbaren Materials. Jeder der fast tausend Milliarden Kometen ist im Innern warm und wäßrig und enthält alle erforderlichen Nährstoffe, so daß er eine günstige Brutstätte für mikroskopisches Leben ist.

Die Kometen, die auf die Erde niedergingen, brachten die Weltmeere und die Atmosphäre. Sie brachten dann auch das Leben, das im Schutz des wolkigen Himmels Wurzeln schlug und gedieh.«

Auch der für seine Mitentdeckung der DNS-Struktur mit dem Nobelpreis ausgezeichnete Molekularbiologe Francis H.C. Crick vom amerikanischen Salk Institut der Universität San Diego lehnt die Zufallsentstehung irdischen Lebens ab, da es an Zeit gefehlt hätte. Crick vertritt vielmehr die Ansicht, daß Leben in Form von Bakterien zur Erde gelangte. Sie seien als Lebenskolonisatoren geradezu prädestiniert.

Er gibt dafür folgende Gründe an:

1. Viele Bakterien können in einem sehr einfachen chemischen Medium leben. Es stört sie wenig,

wenn die Konzentration der Salze und organischen Verbindungen in diesem Medium in weiten Bereichen schwankt.

2. Die Mehrzahl der Bakterien kann meistens Vitamine selbst synthetisieren, ist also nicht darauf angewiesen, diese mit der Nahrung aufzunehmen.
3. Wir erhalten die notwendigen Aminosäuren durch den Abbau der Proteine. Bakterien können auch Vitamine produzieren, brauchen sie also nicht aufzunehmen.
4. Da viele Bakterien mobil sind, können sie sich auf ihre Nahrung zubewegen und giftigen Substanzen ausweichen.
5. Unter günstigen Bedingungen können Bakterien sich schnell teilen und vermehren, und aus *einer* Bakterie kann eine ganze Kolonie entstehen.
6. In der Regel können Bakterien, ohne Schaden zu erleiden, eingefroren und ihnen damit das Wasser entzogen werden. Auf diese Weise können sie lange überleben.
7. Auf der Erde leben Bakterien unter den verschiedensten Umweltbedingungen, in heißen Quellen ebenso wie in Wüstengebieten. Bei einigen hat die Evolution sogar bewirkt, daß sie unter intensiver Bestrahlung, wie z.B. einer Kernreaktion, gedeihen.

Crick wagt sogar die These, daß auf irgendeinem anderen Planeten eine hochentwickelte Zivilisation, die ihren Untergang voraussah, mit einer Art Raumtransporter Mikroorganismen zur Lebenserhaltung zu einer anderen Welt – der Erde – schickte. Aus dieser Saat hätte sich dann das Leben entwickelt.

Nehmen wir doch einmal an, daß kosmische Staubwolken, Kometen und Meteoriten die Überträger dieser Lebenskeime sind, dann würden andere Planeten, nicht zuletzt auch der Mars, davon profitieren.
Wenn andererseits Leben aber tatsächlich selbständig auf der Erde entstand, war es durch bestimmte Gesetzmäßigkeiten möglich, die auch auf andere lebensfreundliche Planeten zutreffen. Also läßt sich die These *nicht* aufrechterhalten, daß Leben auf der Erde ein durch eine Aneinanderreihung von Zufällen zustandegekommener, einzigartiger Vorgang im ganzen Universum sei.

Das sogenannte anthropische Prinzip ist ein weiterer Versuch, die Entstehung des Lebens auf andere Weise zu erklären. Dieses Prinzip geht von einem Kosmos aus, der lebensfreundlich sein muß, um von einem Bewußtsein beschrieben werden zu können.
In diesem Zusammenhang sagt der englische Astrophysiker Paul Davies: »Manche Wissenschaftler fasziniert der Gedanke, daß unsere Existenz kein zufälliges Ereignis sein könnte, sondern von der Präsenz ganz spezieller Umstände abhängig ist. Damit wird unterstellt, daß einige von uns beobachtete Eigenschaften des Universums sich nicht von dem Tatbestand trennen lassen, daß wir leben, um wahrzunehmen, daß Leben ein äußerst heikler Balanceakt auf der Zufallsskala ist. Die Wesenheit des Universums wird durch unser Dasein, das anscheinend einer ganz speziellen Klasse angehört, stark eingeschränkt. Nämlich zu einer Klasse von Universen, in denen unser Überleben denkbar ist.«

Und in seinem Buch das »Anthropische Prinzip« schreibt der Münchener Astrophysiker Reinhard Breuer: »Es ist das Weltall, das – weil es so und nicht anders ist – stabile Himmelskörper hervorbringen konnte, stabile Atome, stabile Moleküle. Es ist das Weltall, das – weil es so und nicht anders ist – dem Leben die Milliarden Jahre Entwicklungszeitraum gab, die es zu seiner Evolution unbedingt braucht. Es ist das Weltall, das – weil es so und nicht anders ist – das Leben auf der Erde schützt und zugleich einen ›Entwicklungsfahrplan‹ aufstellt, der außergewöhnliche Ereignisse, die Evolution kräftig vorangetrieben hat.«

Robert Shapiro und Gerald Feinberg dagegen halten das anthropische Prinzip in vieler Beziehung für *schlichtweg falsch*:
»Wir glauben, daß anthropische Argumente in vieler Hinsicht bedenkliche Fehler aufweisen. Sie gehen zum Beispiel von der Voraussetzung aus, daß nur irdisches Leben existiert und Intelligenz hervorgebracht hat – eine Ansicht, die durch keinerlei reales Beweismaterial belegt werden kann. Unsere Argumentation ist dagegen: Wenn im Universum viele andere Lebensformen existieren, müßte eine physikalische Veränderung, durch die Leben auf der Erde unmöglich würde, nicht unbedingt alle intelligenten Lebensformen im Universum ausmerzen. Eine derartige Veränderung könnte vielmehr zur Entstehung einiger neuer Lebensformen beitragen, die in unserem gegenwärtigen Universum nicht existieren können. In dieser Hinsicht hindert die Verfechter des anthropischen

Prinzips ernster Mangel an Vorstellungskraft, um die Konsequenzen alternativer physikalischer Gesetze zu erarbeiten.
Ein weitaus schwerwiegenderer Fehler ist die dem anthropischen System zugrundeliegende Logik. Danach hängt nicht nur die Existenz intelligenten irdischen Lebens von den bestehenden Naturgesetzen ab, sondern auch alles andere im Universum. Wir können ebenso zum Beispiel von einer Kupfererzader ausgehen, die es in Grönland dreihundert Meter unter der Erdoberfläche gibt, und das ›Kupferprinzip‹ benutzen, um daraus abzuleiten, daß die Gesetze des Universums nur dazu dienen, die Existenz eben dieser Kupfererzader sicherzustellen ...«
Wann, wo und wie Leben auch immer entstanden ist, setzt es sich aus einem Fluß von Energie in Wechselwirkung mit einer Gruppierung bestimmter Materie zusammen, um auf diese Weise eine höhere Ordnung zu erlangen. Zum Aufbau immer komplexerer Lebensstrukturen ist selbstverständlich hinreichend Zeit erforderlich.

Bedrohliche Situationen häuften sich vor allem in der Frühgeschichte des Lebens. So ergibt sich aus einer Studie, die Michael Hart vom NASA-Raumfahrtzentrum in Goddart/Maryland mit Hilfe von Computern erstellt hat, daß alles hätte drastisch danebengehen können. Wenn Hart recht hat, ist die Erde nur mit knapper Not zwei verheerenden Katastrophen entgangen: anfänglich einem außer Kontrolle geratenen Treibhauseffekt, in dessen Verlauf die Erdatmosphäre die eingedrungene Sonnenenergie nicht mehr hätte

entweichen lassen können, so daß ein unkontrollierbarer Temperaturanstieg stattgefunden hätte; und später eine andauernde Vereisung mit einer permanenten Eiszeit auf der Erde als Folge.
Hart ist sicher, daß die aus dem Innern der neugeformten Erde »ausgeschwitzte« Uratmosphäre zu 84,4 Prozent aus Wasserdampf, zu 14,3 Prozent aus Kohlendioxid, zu 1,1 Prozent aus Methan und zu 0,2 Prozent aus Stickstoff sowie kleineren Mengen Ammoniak und Argon bestanden haben muß. Eine Reihe von Wissenschaftlern dürfte diese Behauptung als Herausforderung betrachten, da die Meinungen über die Zusammensetzung der frühen Atmosphäre immer noch stark voneinander abweichen. Aber in der Hartschen Studie war es erst dann möglich, ähnliche Bedingungen wie die heute auf der Erde vorherrschenden zu simulieren, als der Ausgangspunkt der irdischen Uratmosphäre der von Hart vorausgesetzten Gasmischung entsprach. Danach wurde der Erdball nach nur 150 Millionen Jahren von einer geschlossenen Wolkendecke eingehüllt, die sich für etwa ein Drittel seiner Geschichte nicht veränderte. Mit den ständig in die Atmosphäre aufsteigenden Gasen wurde der Druck allmählich stark genug, um zu einer Kondensation des meisten Wasserdampfes zu führen und in den gewaltigen Niederungen der Erdoberfläche Meere zu bilden. In diesen Urmeeren begannen sich Kohlendioxidgase aufzulösen, die vom Gestein aufgenommen wurden. In atmosphärisch-chemischen Reaktionen erzeugt, ergab sich daraus eine fast völlige Veränderung der irdischen Gashülle zu Methan und anderen Kohlenwasserstoffverbindungen.

Schon sehr früh in der Erdgeschichte tauchten die ersten lebenden Organismen in den Urmeeren auf. Aber zu eben diesem Zeitpunkt steuerte die Erde auf eine Katastrophe zu, die das kaum erwachte »Leben« wieder zu vernichten drohte. Die Kohlenwasserstoff-Atmosphäre ließ zwar Sonnenenergie eindringen, aber durch die dichte Wolkenhülle wurde es der Erde erschwert, diese wieder in den Weltraum abzustrahlen. Mit der ständigen Energiespeicherung in der Atmosphäre stieg natürlich auch die Oberflächentemperatur in zunehmendem Maß. Damit wäre die Erde normalerweise einem ähnlichen Schicksal erlegen, wie ihr Schwesterplanet Venus mit seiner vorwiegend aus Kohlendioxid bestehenden Atmosphäre und lebensfeindlichen, sehr hohen Oberflächentemperaturen. Wäre diese Katastrophe eingetreten, gäbe es heute in der höheren irdischen Atmosphäre Wolken aus Schwefelsäure und einem hundertmal größeren atmosphärischen Druck auf der Erdoberfläche.
Vor etwa 3,7 Milliarden Jahren betrug die Oberflächentemperatur etwa 317° Kelvin. Dann hörte der Temperaturanstieg unvermittelt auf. Nach Hart entwickelten sich zu jenem Zeitpunkt der Fotosynthese fähige Organismen. Im Verlauf dieses Prozesses wurde Sauerstoff freigesetzt. War dieser Sauerstoff erst einmal in die Atmosphäre gelangt, begann die Oberflächentemperatur sehr schnell abzusinken.
Als die dichte Wolkenhülle dann vor etwa 2,8 Milliarden Jahren verschwand und die Temperatur plötzlich drastisch fiel, bildeten sich enorme Eisflächen. Schneebedeckt reflektierten sie die Sonnenstrahlen besonders stark. Ihre langsame Ausbreitung brachte

Höhlenbild, auf dem das Sonnensystem, die Mondsichel und das Schlangensymbol für das Fliegen festgehalten sind.

Etwa 4000 Jahre altes Höhlenbild (Grabkammer) auf der Insel Hokkaido, Japan. Inselbewohner begrüßen anscheinend spiralförmig auf die Erde zukommende Flugobjekte am Himmel.

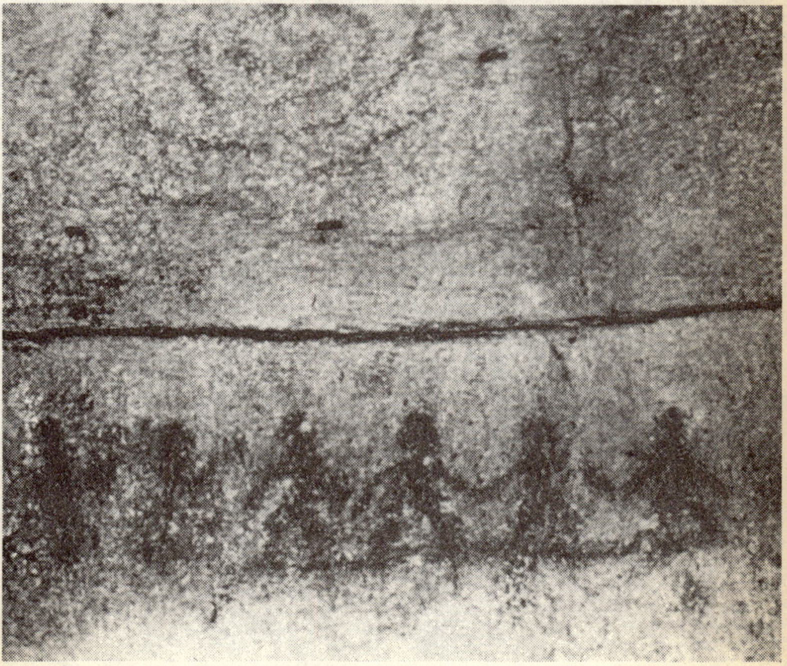

Bild oben:
Dieser Fußabdruck wurde in einer 60 Millionen Jahre alten geologischen Schicht im Paluxy river in Texas entdeckt.
Photo: Dr. C. N. Dougherty

Rechte Seite oben:
Einen Meter voneinander entfernt ein menschlicher Fuß- und ein Schuhabdruck, die Dr. C. N. Dougherty 1979 in einer 60 Millionen Jahre alten Geologischen Schicht westlich von Temple in Texas entdeckt hat.
Photo: Dr. C. N. Dougherty

Rechte Seite unten:
Von Felsgestein eingeschlossener Hammer. Gefunden 1934 von E. Hahn in der sogenannten Lampassas Arch, einem Felsausläufer des Gebirgszuges Llano Uplift, Texas. Er datiert auf einen Zeitraum zurück, in dem der Mensch, paläontologischen Erkenntnissen zufolge, noch gar nicht existiert haben kann.

MAN TRACKS

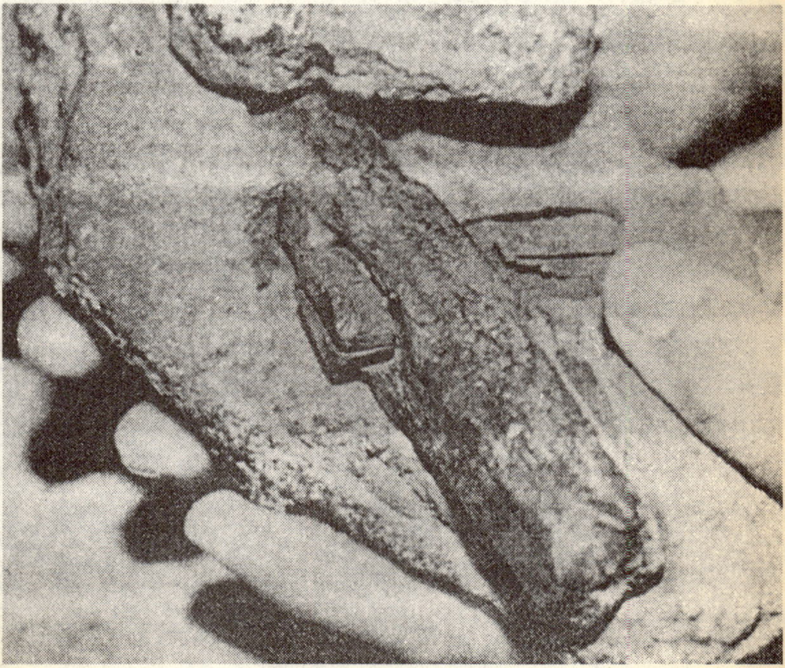

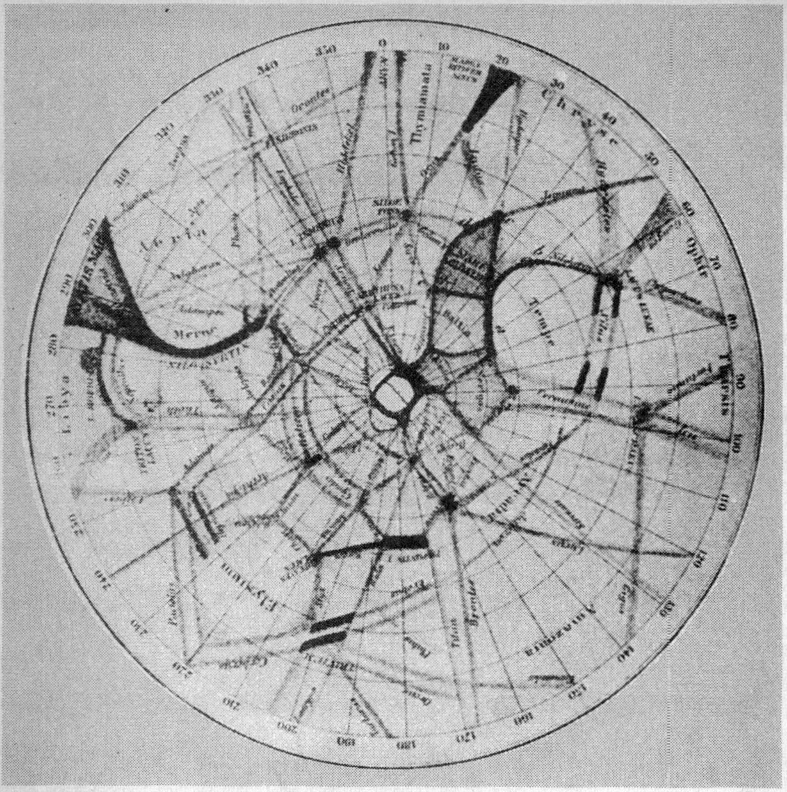

Alter, von Percival Lowell angelegter Marsglobus. Lowell glaubte, daß die von ihm eingezeichneten Kanäle und Oasen auf eine alte Marszivilisation zurückgbehen. Sie wurden aber als optische Täuschung entlarvt.

eine weitere Abkühlung der Erdoberfläche mit sich, da mehr und mehr Sonnenenergie in den Weltraum zurückgestrahlt wurde. Theoretisch hätte die fortschreitende Vereisung zu einer irreversiblen Auskühlung der Erde führen können. Doch vor rund zwei Milliarden Jahren änderte sich die Atmosphäre in eine oxidierende.

Die Hartsche Studie wird auch durch geologisches Beweismaterial untermauert. Danach reichte der Sauerstoffgehalt der irdischen Atmosphäre erst vor 420 Millionen Jahren aus, um eine Ozonschicht zu bilden, die dem Schutz der Erde vor den gefährlichen ultravioletten Strahlen der Sonne dient. Erst jetzt konnte sich Leben aus den Meeren über die Kontinente ausbreiten.

Zu allen plötzlichen Katastrophen auf der Erde kamen noch Vulkanausbrüche und Schwankungen der Erdachse, die drastische klimatische Veränderungen mit sich brachten und die Lebensentwicklung beeinflußten.

Auch der Mars war sicherlich im Lauf seiner Geschichte ähnlichen Katastrophen ausgesetzt. Eine Reihe von Wissenschaftlern vertritt die Theorie, daß zum Beispiel die Marsachse alle 25 000 Jahre leicht in die entgegengesetzte Richtung kippt. Dabei wird entweder der Nord- oder der Südpol der Sommersonne ausgesetzt. Die Polarkappen verdampfen dann im Wechsel.

Zwischen diesen Extremen liegt eine Zeit, in der beide Polarkappen gleichmäßig von der Sonne bestrahlt werden und schmelzen. Ihr Wasser verdampft dann in die Atmosphäre. Im Verlauf von Jahrzehnten oder gar

Jahrhunderten fällt es als Regen auf die Marsoberfläche zurück.
Falls diese Theorie den Tatsachen entspricht, befände sich Mars derzeit in einer Trockenperiode, denn die Nordpolkappe ist durch den Neigungswinkel der Planetenachse nicht auf die Sonne ausgerichtet. Danach wäre der nächste Regen erst wieder in etwa zehntausend Jahren zu erwarten. Und das würde bedeuten, daß Wasser periodisch als Dampf in die Marsatmosphäre aufsteigt, um die Planetenoberfläche dann in Form von Regengüssen wieder zu überfluten.

Höhere Lebensformen sind auf der Erde trotz aller oder vielleicht gerade aufgrund der Katastrophen entstanden, bis schließlich der Mensch – der homo sapiens sapiens – auftauchte, um sich den Kopf über seinen Ursprung, seine Entstehung zu zerbrechen.
Die Frage, wann, wo und wie er zuerst aufgetaucht ist, läßt sich bis heute nicht zufriedenstellend beantworten. Hier sind die Zeitangaben von Anthropologen und Evolutionsbiologen widersprüchlich und weisen Lücken auf. Und scheint eine Theorie endlich etabliert zu sein, wird sie durch unerwartete prähistorische Funde wieder in Frage gestellt. So zum Beispiel durch menschliche Schuh- und Fußabdrücke in einer geologischen Schicht, die sechzig Millionen Jahre zurückdatiert.
Wenn die Altersangabe solcher Funde zutrifft, muß die Menschheitsgeschichte umgeschrieben werden: Gab es zum Beispiel vor Urzeiten hochentwickelte Zivilisationen auf der Erde, die dann wieder unterge-

gangen sind? Und gab es in diesem Zusammenhang eine Verbindung zum Mars?
Ist hier die Lösung des Rätsels über die von den Viking-Orbitern fotografierten, mysteriösen Strukturen auf dem roten Planeten zu suchen?
Doch bevor wir uns wieder auf den Mars begeben, müssen wir unsere eigene Vergangenheit beleuchten.

9

Wer trug den Schuh bei Glen Rose?

Zwischen den mexikanischen Orten Llano und Lampassas zieht sich ein Gebirgsrücken hin, der Llano Uplift heißt. Nicht weit davon entfernt liegt, jenseits der Grenze zu den USA, eine Kleinstadt mit dem stolzen Namen London/Texas. Von eben diesem Städtchen aus begab sich im Juni 1934 eine Familie Hahn, der auch die damals 32jährige Emma Hahn angehörte, auf eine Wanderung zum Llano Uplift. Elf Kilometer vom texanischen London entfernt stießen die völlig vom Weg abgekommenen Wanderer im Lampassas Arch, einem Felsausläufer des Gebirgsrückens, der direkt auf das in nordöstlicher Richtung gelegene Örtchen Glen Rose ausgerichtet ist, unerwartet auf einen großen Felsbrocken mit einem Findling darauf. Die Wanderer blieben stehen. Wem das aus dem Felsen herausragende Metallstück zuerst auffiel, weiß die heute 84jährige Emma Hahn nicht mehr zu sagen. Jedenfalls probierten alle Familienmitglieder, das sonderbare Metallstück aus dem Felsgestein herauszuzerren. Vergeblich.

Emma Hahn ließ die unerklärliche Entdeckung keine Ruhe. Darum suchte sie den Fundort in den darauffolgenden Wochen immer wieder mit Freunden und Bekannten auf, um ihnen das vom Gestein eingeschlossene Metallstück zu zeigen. Schließlich kam jemand auf die Idee, Werkzeug mitzunehmen. Der Felsen wurde mit Hammer und Meißel bearbeitet, bis endlich ein fünfzehn Zentimeter langes und fünfundzwanzig Zentimeter breites Gesteinstück herausgemeißelt war. Als dann ein alter Hammer mit einem verwitterten und abgebrochenen Holzstiel zum Vorschein kam, wunderten sich die Anwesenden nicht schlecht. Wie konnte der Hammer in die Steinformation geraten sein? Nach Meinung befragter Wissenschaftler hatte die Sache keine Bedeutung. Also wanderten Hammer und Stiel als Kuriosität in ein kleines lokales Museum.

Seit Jahrzehnten werden in derselben geologischen Schicht im Paluxy River bei Glen Rose immer wieder menschliche Fuß- und Schuhabdrücke zusammen mit Dinosaurierabdrücken entdeckt. Diese Behauptung führte in den Vereinigten Staaten zu heftigen Diskussionen. Denn nach der Evolutionstheorie gab es ja den Menschen vor sechzig Millionen Jahren noch nicht.
1986 behandelte das amerikanische Wissenschaftsmagazin »Nature« diese Abdrücke in seiner 320. Ausgabe dementsprechend als Fälschung. Doch in seiner nächsten Ausgabe mußte »Nature« dem angegriffenen Geologieprofessor am »Institute for Creation Research« in Ellaja/Kalifornien, Dr. John D. Morris, Platz für eine Berichtigung einräumen. Er verwahrte sich durch Beweismaterial entschieden gegen den Vorwurf, einer Fälschung aufgesessen zu sein.
Am 30. Juni 1986 berichtete die amerikanische Zeitschrift »Time« dann, die Bevölkerung um den Paluxy River bei Glen Rose habe seit 1908 Kenntnis von den

rätselhaften Fuß- und Schuhabdrücken in der Gegend.
Dr. Hilton Hinderliter von der Pennsylvania State University schrieb bereits 1982 über die Funde:
»Bezüglich der archäologischen Ausgrabungen, die das Team von Dr. Carl Baugh auf dem Anwesen von Emmit McFall durchgeführt hat, habe ich folgende Beobachtungen bekanntzugeben: Das McFall-Gelände ist teilweise am Flußufer des Paluxy River gelegen. Ich konnte mich an Ort und Stelle informieren ... und mich persönlich von den Abdrücken überzeugen, um mir eine eigene Meinung zu bilden. Ich sah nicht nur mit eigenen Augen vor Monaten freigelegte Abdrücke, sondern auch solche, die während meiner Anwesenheit aus geologischen Schichten freigelegt wurden. Darüber hinaus entdeckte ich selbst auch Fußabdrücke. Ich bin davon überzeugt, daß sie authentisch sind und tatsächlich von Menschen stammen, die zur Zeit der Dinosaurier gelebt haben ... Als ich im August 1984 mit Dr. Baugh und anderen auf dem McFall-Gelände Grabungen durchführte, entdeckten wir etwa 180 Meter flußabwärts vom Taylor-Trail zwei Saurier- und einen menschlichen Fußabdruck. Ich legte die Abdrücke mit eigenen Händen frei. Über ihre Echtheit kann nicht der geringste Zweifel bestehen. Außerdem beteiligte ich mich persönlich an der Beseitigung eines wuchtigen Kalksteinblocks. Darunter stießen wir auf einen menschlichen Fußabdruck.«

Die Kontroversen um die Fuß- und Schuhabdrücke hielten in den letzten Jahren unvermindert an. Erst in letzter Zeit kam dabei der seltsame Hammerfund aus

dem Jahr 1934 wieder ins Gespräch. Der für ein halbes Jahrhundert in Vergessenheit geratene Hammer mit dem zerbrochenen Stiel wurde aus dem kleinen Museum geholt und Spezialisten zur Untersuchung überantwortet.
Der Hammerkopf wurde vom Metallurgischen Institut des Batelle Memorial Laboratory in Columbus/Ohio und zudem von australischen Metallurgen sorgfältigen Analysen unterzogen. Dabei stellte sich heraus, daß er zu 96 Prozent aus Eisen, zu 2,6 Prozent aus Chlor und zu 0,74 Prozent aus Schwefel besteht – also aus einer heutzutage ungebräuchlichen Zusammensetzung, da Kohlenstoff und Silizium fehlen. Und der Hammerstiel? Er war versteinert und in seinem Innern teilweise porös verkohlt. Die Versteinerung von Holz dauert bekanntlich Millionen Jahre. Danach ist es ausgeschlossen, daß der Stiel mit dem dazugehörigen Hammerkopf aus der Neuzeit stammt.
Da die Abdrücke eines beschuhten und eines nackten Fußes in der gleichen, sechzig Millionen Jahre alten Gesteinsschicht gefunden wurden, in der ursprünglich auch der Hammer eingeschlossen war, obgleich dessen Alter noch nicht bestätigt ist, dürfen wir unsere Phantasie einmal freien Lauf lassen und sie – gewissermaßen als Beobachter von außen – auf eine Exkursion in die vorgeschichtliche Zeit begleiten: Da wäre ein Mann mit einem geologischen Hammer in der Hand, der bekleidet sein dürfte, denn er trägt ja Schuhe. In seiner Begleitung befindet sich ein barfüßiger Mensch. Etwa ein »Eingeborener«? Beide scheinen in der prähistorischen Gegend nach etwas Bestimmtem zu suchen. Als der »beschuhte Zivilisierte«

vielleicht eine Gesteinsprobe abschlagen will – so, wie es die Astronauten unserer Tage auf dem Mond getan haben – bricht der Hammerstiel. Mißmutig wirft der Mann den Hammer fort. Im Verlauf von Millionen Jahren wird er vom Gestein eingekapselt. Und irgendwann in unserer Zeit bröckelt von diesem Felsen durch Witterungseinflüsse ein Stück ab, und dabei kommt ein Teil des eingeschlossenen Hammerkopfs zum Vorschein. Wie es der Zufall will, wird er 1934 von den Wanderern entdeckt.
Könnte es so gewesen sein?

Auch in anderen Regionen der Erde wurden Millionen Jahre alte, versteinerte Schuhsohlenabdrücke gefunden. So entdeckte zum Beispiel eine Gruppe chinesischer und sowjetrussischer Paläontologen im Jahr 1959 im Sandstein der Wüste Gobi einen gerippten Schuhsohlenabdruck mit deutlich erkennbaren Nahtstellen.
Solche Funde erschweren eine Berichterstattung über die Entstehungs- und Entwicklungsgeschichte des Menschen immens. Es gibt zu viele Hinweise darauf, daß er entweder wesentlich älter sein muß als Anthropologen und Paläontologen bisher angenommen haben; oder in grauer Vorzeit liefen beschuhte menschliche Wesen auf der Erde herum, die dem heutigen Wissensstand nach noch gar nicht existierten.
Frage: Wie alt darf ein Schuhabdruck sein, um in das heute gängige Muster der Entstehungsgeschichte des Menschen eingereiht werden zu können?

Lassen wir doch diese Entwicklungsgeschichte nach

orthodoxem Wissensstand einmal im Zeitraffertempo vor unserem geistigen Auge ablaufen. Auf ein Jahr komprimiert ergäbe sich ungefähr folgender Vorgang: Start, 1. Januar: die ersten Einzeller tauchen auf. Ihnen folgen die ersten mehrzelligen Organismen gegen Ende April. Ende Mai ist die Entwicklung der ersten Wirbeltiere, also der ältesten Fische, vollendet. Im August kriechen die ersten Amphibien aus dem Wasser an Land, und etwa Mitte September erscheinen die ersten Reptilien.
Für die Dinosaurier sind Oktober und November reserviert, obwohl auch die ersten Säugetiere schon im November zu finden sind. Im Dezember wird das Bild um die Vorfahren der Tier- und Menschenaffen bereichert.
Am 31. Dezember um die Mittagszeit tummeln sich die ersten Vorläufer des Menschen in den afrikanischen Steppen. Eine Stunde vor Mitternacht schließlich versuchen die ersten Menschen Werkzeuge aus Stein anzufertigen.
Fünfzehn Minuten vor Mitternacht ist der Mensch mit den ersten primitiven Anfängen des Ackerbaus beschäftigt. Und eine Minute vor Mitternacht vereinigen sie sich zu den ersten komplexen Kulturen in Südostasien, Ägypten und im Zweistromland. Doch erst in der allerletzten Sekunde des Jahres entwickelt sich der größte Teil aller intellektuellen und technologischen Errungenschaften des Menschen.

Nach diesem auf ein Jahr zusammengerafften gängigen Entwicklungsablauf sind der Existenz des Menschen nur die letzten Stunden des Jahres vorbehalten.

Charakteristisch für den Menschen ist sein bilateraler, symmetrischer Aufbau. Das heißt, fast alle Organe und Glieder sind paarweise angeordnet: zwei Arme, jeder mit einer Hand und fünf Fingern, zwei Beine mit jeweils einem Fuß und fünf Zehen; zwei Augen und Ohren, zwei Nasenlöcher, zwei Lungenflügel, zwei Nieren und auch zwei Gehirnhemisphären ...

Nach der konventionellen Entwicklungsgeschichte des Lebens vollzog sich dieser Schritt erstmals vor fünfhundert Millionen Jahren bei Meerestieren. Aber bereits vor vierhundert Millionen Jahren begann sich bei primitiven Fischen unser Zentralnervensystem entlang der Wirbelsäule und dem wichtigsten im Kopf verborgenen Teil zu bilden.

Bestimmte Reptilien konnten sich bereits vor 225 Millionen Jahren auf zwei Beinen fortbewegen. Und vor etwa zweihundert Millionen Jahren entstanden bei Säugetieren wahrscheinlich Schweißdrüsen, durch die sich heute beim Menschen die Körpertemperatur automatisch unabhängig von Witterungseinflüssen reguliert.

Vor ungefähr sechzig Millionen Jahren starben die Dinosaurier aus. In der so entstandenen Nische nisteten sich langschwänzige Kleinsäuger ein und zogen schließlich vom Boden in die Baumkronen. Aus etwa dieser Epoche, wie wir uns erinnern, sollen der beschuhte, der nackte Fußabdruck und vor allem der Eisenhammer mit dem versteinerten Holzstiel stammen.

Der Widerspruch zur gängigen Evolutionstheorie des Menschen ist offensichtlich. Sie basiert allerdings im Grunde nur auf verhältnismäßig wenigen Knochenfragmenten. Die Lösung dieses Rätsels wäre natürlich: Die Menschheitsgeschichte ist wesentlich älter als bisher angenommen.

Nach Ansicht der Evolutionsbiologen tauchte der Ramapithecus, der wahrscheinlich älteste Vorfahre der Homo-Familie, vor etwa zwanzig Millionen Jahren auf. Aus ihm entstanden im Lauf von Jahrmillionen die Primaten – also die Menschenaffen und die Menschenartigen – die Hominiden. Die Weiterentwicklung zu den Zweibeinern liegt bis heute noch im Dunkel der Vorzeit. Denn Knochenfunde, die darüber Aufschluß geben könnten, gibt es keine. Dennoch wagen Wissenschaftler, den Zeitraum für dieses Entwicklungsstadium mit einem Beginn vor zehn Millionen Jahren und einem Ende vor drei Millionen Jahren anzusetzen.
Unter den gleich danach vor etwa drei Millionen Jahren auftauchenden Hominiden war auch der Homo habilis, der zweckdienlich hergerichtete Schlagsteine als Werkzeuge benutzte.
Vor knapp zwei Millionen Jahren gelang es dem Homo erectus, dem aufgerichteten Menschen, das erste Feuer zu entfachen. Von ihm setzte sich der Stammbaum bis zum Homo sapiens sapiens, dem »weisen« Menschen, fort, wie behauptet wird.
Einige Anthropologen schieben die Verwandlung einer affenähnlichen Hordenkreatur in ein relativ kultiviertes Wesen vor allem auf das Teilnehmenlassen, also auf die sozialen Bindungen, auf die Abhängigkeit und Fürsorge in Mutter-Kind- und Partnerbeziehungen.

Aus Fundstätten in Jugoslawien und Frankreich, die etwa 1,8 Millionen Jahre alt sind, schließen Paläontologen, daß bereits zu jener Zeit Vormenschen vom Typ des Pithekanthropus im europäischen Raum lebten. Die Frage, ob diese unsere »Altvorderen« von Afrika eingewandert sind oder sich in Europa entwickelt haben, kann bisher nicht beantwortet werden. Forscher mutmaßen jedoch, daß dieser Vormenschentypus nackt, reichlich behaart und höchstens 1,20 Meter bis 1,50 Meter groß gewesen sein kann. Zwischen dem Australpithecus und dem Homo sapiens angesiedelt muß dieser Vorläufer des Menschen ihrer Ansicht nach schon ziemlich weit entwikkelt gewesen sein. Denn an den französischen und jugoslawischen Fundstätten wurden verbrannte Knochenreste von Jungtieren und vom Feuer geschwärzte Steine gefunden, die darauf schließen lassen, daß der vor etwa 1,8 Millionen Jahre alte Menschenvorfahr bereits gewohnheitsmäßig mit Feuer umgehen konnte. Er ernährte sich wahrscheinlich als Nomade von der Jagd, denn in den Wäldern und Steppen gab es unendlich viele Tierarten. Über das Aussehen dieses »Alteuropäers« können wir leider nur Spekulationen anstellen, da er außer ein paar Zähnen nichts hinterlassen hat.

Nach Ansicht der Anthropologen hatte der Mensch seine Waffen *erst* vor etwa fünfhunderttausend Jahren, in der sogenannten Cromer-Warmzeit, so weit verbessert, daß er damit auf Elefantenjagd gehen konnte. Und damit setzte wohl auch laut Forschung die erste »Vorratswirtschaft« ein. Da die Fleischmengen nicht auf einmal verzehrt werden konnten, wur-

den sie wohl luftgetrocknet und so für schlechte Zeiten aufbewahrt.
Diese These wäre durch eine Fundstätte großer Mengen von Elefantenknochen und 3,5 Meter langer Stoßzähne zu rechtfertigen, die in Bilzingsleben bei Erfurt in der DDR von Forschern entdeckt wurde. Die Knochen der Tiere waren mit Steinen zertrümmert worden – möglicherweise, um ihnen das Mark zu entnehmen? Dort ebenfalls aufgefundene, spitze kleine Knochen dienten – Archäologen zufolge – als Nadeln, um einzelne Felle mit Löchern zu versehen und mit Tiersehnen zu Kleidungsstücken zusammenzufügen.
Aus sorgfältigen Untersuchungen der Umgebung von Bilzingsleben konnten die Wissenschaftler wichtige Rückschlüsse auf die Umwelt der im europäischen Raum lebenden Altsteinzeitmenschen ziehen.
Vor sechzigtausend Jahren, in der mittleren Steinzeit, hatten sich über Europa und Asien die krummbeinigen Neandertaler ausgebreitet. Mit ihrem kleinen, gedrungenen Körperbau war dieser Menschentypus vorzüglich der Eiszeit angepaßt. In seinen religiösen Vorstellungen haben offenbar Kannibalismus und Bärenkult eine große Rolle gespielt. Seine Toten bestattete er erstaunlicherweise mit Blumen.
Er wurde von den ihm sprachlich und waffentechnisch überlegenen Cro-Magnon-Menschen abgelöst. Dieser Cro-Magnon-Mensch war mit seinem fast zwei Meter hohen Wuchs außergewöhnlich groß. Er hatte eine hohe, breite Stirn, ausgeprägte Backenknochen und ein energisches Kinn. Sein Gehirn war größer als das des heutigen Europäers. Er muß gut ausgesehen haben, und auf seine Kreativität lassen nicht nur

handwerklich vorzüglich gearbeitete Steinwerkzeuge schließen, sondern vor allem auch die von ihm überlieferten Höhlenmalereien. Hier sind Tiere und Jagdszenen mit unglaublichem Einfühlungsvermögen und großer Sicherheit festgehalten. Aus diesen Höhlenmalereien wird ersichtlich, daß sich die Evolution des Menschen nicht gleichmäßig vollzogen hat. Es sieht so aus, als sei der Cro-Magnon-Mensch mit all seiner Kunstfertigkeit geradezu sprunghaft in die Geschichte eingetreten.

Der Cro-Magnon-Mensch lebte in den verschiedensten Regionen Afrikas, Europas und Asiens. Während der frühesten Periode seiner Existenz war er ein Zeitgenosse des Neandertalers, den er möglicherweise durch seine höhere Intelligenz verdrängte. Es kann als gesichert angenommen werden, daß diese beiden vorgeschichtlichen Vertreter des Menschen nicht miteinander verwandt waren. Die Entwicklung des Neandertalers zog sich über eine lange Zeitspanne hin und kann von Wissenschaftlern in etwa nachvollzogen werden. Dagegen weist nicht die geringste Spur auf die Herkunft des Cro-Magnon-Menschen hin, der gewissermaßen aus dem Nichts auftauchte. Im Zusammenhang mit der Evolutionsgeschichte des Menschen ist es sicher erlaubt, ein paar spekulative Fragen zu stellen, die eng mit unserem Thema verknüpft sind:

Wäre es möglich, daß sich der Mensch in fernster Vergangenheit nicht nur linear aufwärts entwickelt hat, sondern infolge uns unbekannter Faktoren Rückschläge erlitt, vielleicht sogar einige Male Rückentwicklungen erfolgten? Existierten unter Umständen schon in vorgeschichtlicher Zeit Hochkulturen, die durch irgendwelche Katastrophen untergingen? Mußte der Mensch sich aus einem Primitivzustand erneut erheben, in seiner Entwicklung wiederholt von vorn beginnen, verlorenes Wissen mühsam neu erringen? Würde sich hier der Cro-Magnon-Mensch mit seinem großen Gehirn einfügen? Könnte es bereits in prähistorischer Zeit, die für uns »leere Seiten« enthält, der Raumfahrt mächtige Hochkulturen gegeben haben? Und nun die entscheidende Frage: Könnten Menschen in fernster Vergangenheit – in der Traumzeit – auf dem Mars gewesen sein, um dort Spuren in Stein zu hinterlassen?

Uns drängt sich die Schlußfolgerung auf, daß in Epochen fernster Vergangenheit hochstehende Zivilisationen gelebt haben müssen. Denn zu viele, einander unbekannte Völker berichten in ihren Überlieferungen und Legenden von untergegangenen Kulturen und verlorengegangenem Wissen. Leider ist die Chance, Aufzeichnungen oder Ereignisse dieser Hochkulturen zu entdecken, verschwindend gering, wenn wir die darüber verronnene Zeit – Zehntausende, Hunderttausende oder vielleicht sogar Millionen Jahre – mit ihrem Verfall, Verwitterungen, Veränderungen der Erdoberfläche, des Meeresbodens und des Klimas berücksichtigen.
Jene unvorstellbar lange Zeitspanne hätten nur »Dokumente« in Form zum Beispiel gigantischer Mauern, Pyramiden, in überdimensionalen steinernen Skulpturen und ähnlichem überstehen können.
Gerd von Haßler schreibt in seinem Buch »Rätselhaftes Wissen«: »Was Archäologen im Boden finden, ist

immer nur das, was der Boden übrigließ (und das sind nicht einmal die Knochen, die, der Witterung, Luft oder dem Grundwasser ausgesetzt, keine fünfhundert Jahre halten). Gräber zeigen nur die Auslese dessen, was die Überlebenden ihrer Vorstellung vom Jenseits gemäß für wichtig hielten. Sparsamkeit, Not und Raub beeinflußten diese Auslese zusätzlich. Verlassene Siedlungen bieten dagegen eine negative Auslese, nämlich das, was für unwichtig gehalten und zurückgelassen wurde. Ein abgerundetes Bild des Lebens findet der Archäologe nur dort, wo ein Vesuv in wenigen Stunden ein Pompeji unter Staub, Asche und Lava begrub. Und das geschah weder mit den ägyptischen noch den mesopotamischen Frühkulturen, von Nord- und Osteuropa gar nicht zu reden.«

Wir können also nicht hoffen, die Spuren einer Hochkultur zu finden, die möglicherweise vor mehr als zehntausend Jahren existierte. Wir können nur prüfen, ob die Hinweise so stichhaltig sind, daß uns die logische Schlußfolgerung – »es muß eine solche Hochkultur gegeben haben« – zwingend erscheint.

Kalkulationen zufolge haben weniger als zehn Prozent der Literatur des Altertums bis heute überlebt. Wenn wir die Schwierigkeiten und den Wechsel der Zeiten, denen sie ausgesetzt war, berücksichtigen, ist es sogar ein Wunder, daß überhaupt so viel in unsere Hände gelangte. Ein großer Prozentsatz des aufgezeichneten Materials »überlebte« auch nur, weil es entweder in Stein gemeißelt, an Höhlenwände gemalt oder darin eingeritzt oder in Tontafeln gebrannt war. Da Zeugnisse dieser Art aber nicht sehr aufschlußreich sind, vermitteln sie kaum ein reales Bild der Zeit,

aus der sie stammen. Hier helfen sehr oft unerwartete Quellen weiter.
Von der Literatur des Altertums wurde viel, entweder zufällig oder absichtlich, durch Feuer vernichtet, und dieses stammte ja aus jüngerer Zeit. Noch ältere Literatur kennen wir überhaupt nicht.
Der Diplom-Ingenieur Otto H. Muck verweist zum Beispiel auf »eine scharfe Zäsur in der Qualität der Funde« und auf einen Kulturrückschlag zwischen später Altsteinzeit und Mittelsteinzeit, zwischen 9000 v. Chr. und 8000 v. Chr., die eigentlich nur als Folge einer Lebensstörung gedeutet werden könne und sich auch im Fundinventar niedergeschlagen habe. Archäologische Dokumente würden nicht die Hypothese des ungestörten Kulturanstiegs bestätigen, sondern genau das Gegenteil. Das heißt, die Klimaveränderung von der Eiszeit zur Nacheiszeit war gepaart mit den Nachwirkungen einer tiefgreifenden Lebensstörung.
»Ähnlich irrig wäre es anzunehmen, die primitiven europäischen Bodenfunde des späten Quartärs seien maßgeblich für die ganze übrige Welt«, sagt Muck. »Sie bilden keinen ernsthaften Beweis gegen die Möglichkeit, daß der Kulturzustand des Landes, aus dem die Cromagnards nach Europa kamen, erheblich höher gewesen sein könnte.«
»Alles in allem könnte sich hieraus folgendes Bild ergeben«, sagt Gerd von Haßler. »Eine Kultur hat einen ungewöhnlich hohen Stand an Wissenschaft und Technik. Allein am Beispiel der Segelschiffe ließe sie sich mit der Kultur Europas Mitte des 19. Jahrhunderts vergleichen. Diese Kultur fällt dem, was Muck

›Lebensstörung‹ nennt (kosmische Katastrophen beziehungsweise die Sintflut), zum Opfer. Wenige Überlebende bewahren dieses Kulturerbe als heiliges Vermächtnis und nutzen es als geheimnisvolle Macht.«
Und weiter meint Haßler: »Die im Schatten dieser Überlebenden und ihrer Nachkommen langsam wieder heranwachsenden Völker partizipieren in begrenztem Maße an dem Kulturerbe, ohne es ausschöpfen zu können. Die eigentlichen Erben – mit großer Wahrscheinlichkeit die Könige und Priester zukünftiger Geschlechter – bewahren die Geheimnisse ihres Wissens und später ihrer Überlieferung in den eigenen Familien und Sippen. Nun aber geschieht das, was Mikoletzky andeutet: Wissen und Technik entwickeln sich rückschrittlich, denn wie bei jeder Erbschaft geht immer ein Teil verloren. Die Völker selbst aber waren zu jener Zeit noch nicht in der Lage, das ihnen bruchstückhaft übermittelte Wissen von sich aus voll auszuwerten.«

Es sieht wirklich so aus, als sei ein Großteil unserer heutigen wissenschaftlichen Errungenschaften schon irgendwann früher einmal bekannt gewesen und dann wieder in Vergessenheit geraten – bis wir in unserer Zeit, in den letzten paar Jahrhunderten, begonnen haben, dieses Wissen wieder aufzufinden. Prähistorische Zivilisationen hinterließen uns gewaltige, über den ganzen Erdball verteilte Mauerreste, Bauwerke, im Meer versunkene Ruinenstädte, deren Konstruktionen wir nicht ohne umfangreiche technische Hilfsmittel erklären können.
All diese Konstruktionen stellen eine Botschaft über

die Zeitläufte dar. Eine steinerne Mahnung, die zu sagen scheint: Ihr seid nicht die erste Zivilisation. Wir existierten lange vor euch, hatten mathematische, astronomische und physikalische Kenntnisse. Wir kannten bereits Elektrizität, Teleskope, Computer und Flugmaschinen und haben die Erde sowie andere Welten kartographiert. Was von uns Erdbeben, Meteoriteneinschläge, Eiszeiten, Schwankungen der Erdachse, Sintfluten und andere Katastrophen überdauert hat, bietet sich euch in unseren gewaltigen steinernen Monumenten, vor allem aber in den Pyramiden dar. Die Welt ist voll von diesen Monumenten: Sie sind im gesamten Mittelmeerraum zu finden. Es gibt sie in Ägypten, Afrika, Asien, Nord- und Südamerika, Australien und Europa.
Ein Pyramidengürtel zieht sich um die ganze Erde, von Ägypten und Mesopotamien in westlicher Richtung nach Europa und Amerika; und in östlicher Richtung über Indien nach Zentralasien, China, Indonesien und andere pazifische Inseln. Der Drang, Pyramiden zu bauen, ist ebenso rätselhaft wie die Pyramiden selbst. Dabei sind die Parallelen in Form und Ausrichtung nach geophysikalischen und astronomischen Kriterien verblüffend. Und noch etwas: Kann es Zufall sein, daß die Eingeborenen in Peru den Pyramidenplatz von Tiahuanaco seit eh und je *Chucara* nennen, Ägyptens erster und ältester Pyramidenplatz den ähnlich lautenden Namen Sakkara erhielt, und die Tempelpyramiden in Babylon Zukkarat hießen?

Nach der Theorie des englischen Biologen Dr. Rupert Sheldrake bestimmen raum- und zeitüberschreitende,

sogenannte morphogenetische Felder (griechisch: Morphe = Form und Genesis = Entstehung) Gestalt und Verhalten allen Lebens und auch aller anorganischen Materie.
Für Sheldrake bedeutet ein morphogenetisches Feld eine Art Kollektivbewußtsein, das neuerworbene Fähigkeiten einzelner Individuen auf eine Gruppe, Gesellschaft respektive Art übertragen kann.
In diesen Feldern sieht Sheldrake von Raum und Zeit unbeeinflußte, ursächlich abstrakte Strukturen, die jedoch über Raum und Zeit hinaus verändert werden können. Nehmen wir als Beispiel ein paar Affen, die auf einer japanischen Insel anfingen, ausgegrabene Kartoffeln vor dem Verzehren im Fluß zu waschen. Sozusagen über Nacht wuschen plötzlich auch andere Affen ihre Kartoffelmahlzeit, ohne ihren Artgenossen zugesehen, also die Reinigungsprozedur abgeschaut zu haben.
Nach Sheldrakes Kollektivbewußtsein würden Affen von nun an in aller Welt Kartoffeln waschen, bevor sie diese essen. Ja sogar hypothetische außerirdische Affen auf anderen Welten würden das Kartoffelwaschverfahren einführen, da diese Erfahrung sich ja durch die universalen morphogenetischen Felder im ganzen Universum ausbreitet.
Ein anderes Beispiel: als die Frühmenschen entdeckten, wie die Feinbearbeitung des Feuersteins gehandhabt wird, verbreitete sich dieses Wissen innerhalb relativ kurzer Zeit überall entlang der Eisgrenze über Steppen, Gebirge und Urwälder hinweg von Europa bis Afrika oder umgekehrt. Und Archäologen finden für einen Zeitabschnitt von etwa zehntausend Jahren

allenthalben Feuersteinwerkzeuge mit ähnlich gekonnter Formgebung. Da die ersten Fundstätten der Stufe des Solutréen zugeordnet wurden, werden auch alle anderen nach diesem dreißigtausend Jahre zurückliegenden Kulturabschnitt der Steinzeit benannt.
Wie ist zu erklären, daß zwischen Höhlen- und Felsmalereien verschiedener Kontinente eine frappierende Ähnlichkeit besteht; zum Beispiel zwischen denen im australischen Kimberley-Gebiet, denen im Tassili-Gebirge in der Sahara, den Varzelândia-Höhlen in Brasilien, den russischen bei Fergana und den Höhlenbildern im Val Camonica in Italien? Wurden die Schöpfer dieser Felsmalereien durch fremde Besucher angeregt oder durch religiöse Vorstellungen eines Kollektivbewußtseins – ein von Raum und Zeit unbeeinflußtes morphogenetisches Feld – inspiriert? Und träfe das etwa auch auf die Pyramidenbauten überall in der Welt zu?
Verschiedene, unabhängig voneinander arbeitende Wissenschaftler haben doch tatsächlich oft genug gleichzeitig dieselben wissenschaftlichen Erkenntnisse gewonnen, gleichzeitig dieselben Entdeckungen gemacht, Erfinder dieselben Erfindungen zur gleichen Zeit. Ein besonders interessantes Beispiel ist in diesem Zusammenhang die Evolutionstheorie. Sie wurde zur gleichen Zeit zweimal entwickelt, nämlich von Charles Darwin und Alfred Russel Wallace. Nicht ganz zu Recht wurde sie Darwin zugesprochen.
Vorläufig bleibt uns nichts anderes übrig, als zu akzeptieren, daß wir zu wenig über die Entdeckungen, Erfindungen und Errungenschaften untergegangener Zivilisationen wissen. Ihre künstlerische, religiöse

und intellektuelle Vorstellungswelt liegt im Abgrund der Zeit verborgen. Dank einiger Anhaltspunkte ist es zwar möglich, das kulturelle Auf und Ab der Menschheit für eine gewisse Zeit zurückzuverfolgen – aber auch hier scheiden sich die Ansichten der Historiker, der Archäologen und der Paläontologen.
Und irgendwann kommt dann der Punkt, wo das Dunkel der Vergangenheit alle Konturen verschluckt.

Nach dem gegenwärtigen Forschungsstand hat Gerd von Haßler versucht, die Kulturepochen der letzten 100 000 Jahre vor Christi Geburt in Epochen zusammenzufassen.
In den meisten Fällen geht aus den Zeitangaben nicht hervor, ob die wiedergegebenen Fähigkeiten, Kenntnisse oder Künste nicht schon früher bekannt waren oder angewandt wurden. Hier wird lediglich der Zeitpunkt angegeben, zu dem sie erstmals nachweisbar sind.
Danach ergibt sich folgendes Bild:

100 000	Relativ einheitlicher Lebensstil im eisfreien Europa bis 40 000 v. Chr.
80 000	Außer der Steinbearbeitung beherrschen die Menschen auch andere Künste wie z. B. Holz- und Hornbearbeitung, Gerben und Färben
60 000	Höhlenbilder in Südwest- und Westeuropa bis 9000 v. Chr.

30 000 Zauberer, Magier und Schamanen

20 000 Der Bumerang erscheint als Jagdwaffe in Europa

– In den Alpen südwestlich von Turin lassen sich Landkarten auf Stein erkennen

10 000 In West- und Südwesteuropa ersetzen Symbolzeichen die Bilderschrift

9 000–7 000 v. Chr. primitive Feldbestellung, Übergang von reinen Jäger- und Sammlerkulturen zu Ackerbau und Viehzucht (Neolithische Revolution)

– Das Eis weicht nach Norden zurück, Menschen aus Mitteleuropa besiedeln Skandinavien

8 500 Die Erdachse verlagert sich um 25 Grad: Erdkatastrophe, in die Überlieferungen der Menschheit als Sintflut eingegangen. Diplom-Ingenieur Muck errechnete Planetoiden-Einschlag am 5. Juni 8498 v. Chr.

– Entvölkerung Europas. Zwischen Atlantik und Ural, Eisgrenze und Kaukasus überleben nicht mehr als 630 000 Menschen

8 498 Beginn A des Maya-Kalenders. Beginn B: 3372 v. Chr. oder 3113 v. Chr.

8 000 West- und Mitteleuropa: Symbole in Form von Schriftzeichen

7 800 Entstehung der Stadt Jericho mit Rundhäusern aus Ziegelmauerwerk

7 500 Catal Hüyük: eine Stadt in Pueblo-Bauweise in Anatolien

7 000 Die Einwohner von Jericho errichten einen Turm aus Stein

– Die Einwohner von Catal Hüyük bestatten ihre Toten in Hockstellung (teilweise mit rotem Ocker bemalt); zeichnen Stadtlandschaften und andere Wandbilder; schleifen Obsidianspiegel mit perfekter Politur (bis heute nicht zu erklären); beherrschen die Technik des Spinnens, Webens und Färbens; verwenden bereits Metall

– In Anatolien wird Kupfer und Blei gehämmert und geschmolzen

– In Europa und Nordafrika werden bis 1000 v. Chr. Fels- und Höhlenbilder geritzt und gemalt

6500 Die Stadtvölker Anatoliens, die Chattis oder Hattis, bauen weitere Siedlungen; sie kennen die Techniken des Stoffdruckes und Teppichknüpfens und feingewebtes Tuch

5700 In Hacilar (Anatolien) werden die ersten zweigeschossigen Häuser gebaut

5000 Unterägypten: Erste steinzeitliche Siedlungen und Webetechnik

5000 An den dänischen Küsten ernten die Menschen der Kjökkenmöddinger-Kultur die Austernbänke ab

– Bei Magdeburg Haus- und Palisaden-Befestigung

– Balkan. Ethnische Einheit der Thraker (deutlich verwandt mit den mittel- und westeuropäischen Kulturen)

4750 Beginn des Städtebaus in Mesopotamien

4500 Rind, Schaf und Hund in Europa als Haustiere

– Im Nildelta: Nahrungsmittelüberfluß. Getreide wird in eigens angelegten Silos gelagert
– An die Stelle des Feuersteins tritt in Ägypten jetzt vermehrt Kupferwerkzeug
4221 Beginn des ägyptischen Kalenders
4000 Oberägypten wird besiedelt
– In Syrien benutzen die Stadtbewohner Zahlzeichen
– Europa: Der Holzpflug löst den Pflanzstock ab
– Mit den Handelswaren kommt auch der Geister- und Gespensterglaube aus Kleinasien und Mesopotamien nach Europa
– Westeuropa: Beginn der Megalith-Kultur (3900 v. Chr. erste Dolmen in der Bretagne)
3900 Ägypter schmelzen Metall und verwenden Meteoriteneisen
3300 Die Sumerer kommen aus dem Bergland nach Mesopotamien. Sie bauen Städte, Kanäle und Bewässerungssysteme, betreiben den Ackerbau im Kollektiv, verwenden die Töpferscheibe. Ihre Kunst der Goldbearbeitung ist ohne Beispiel
3200 Die Sumerer entwickeln eine Schrift, aus der später die assyrisch-babylonische Keilschrift wird
– Die Sumerer errichten entlang ihrer Handelswege Straßenforts. Ihr wichtigstes Handelsobjekt: Metall. Sie rechnen mit fünfzehnstelligen Zahlen. Überseehandel mit Ostafrika und Indien

– In Europa, Kleinasien und Nordafrika perfekte Metallbearbeitung. Waffen, Geräte und Schmuck (vorzugsweise aus Kupfer). Die Ägypter praktizieren Landvermessung und entwickeln die Hieroglyphenschrift. Ägyptische Landkarte und erste Bauten aus behauenen Steinen
– Die Malteser führen auf ihrer Insel Obsidian-Stein ein, schneiden in ihren felsigen Boden Schienen und transportieren Riesensteine auf »Kugellagern«
– Die indogermanische Grundsprache hat sich in Einzelsprachen aufgespalten
– Erste Siedler lassen sich auf dem Boden des späteren Troja nieder
– Beginn der kretisch-minoischen Kultur
2900 In Oberschwaben: Pfahlbauten, Wagenräder, Bohlenwege
– Der Tempelturm – Ziggurat – von Uruk (Sumer)
– Ägypten: I. Dynastie unter Pharao Menes
2750 Sumer: Der historische Gilgamesch ist König von Uruk
2700 Ägypten: Bau der großen Pyramiden
2650 Chinesischer Kaiser Hwang Ti schreibt medizinisches Lehrbuch
2600 Sumer: Astronomie, Mathematik mit Wurzelziehen, festgelegte Zeit- und Längenmaße, Kalender
2500 Mesopotamien: Töpferscheibe und Töpferofen
– Ägypten: Bronze und Chirurgie

– Sumer und Thrakien: Leichtmetallegierung Elektron
– Indien: Die großen Städte der Induskultur entstehen
– Kupfer auf Jütland
2000 Europa: Weizen- und Hirseanbau. Das Pferd ist Haustier. Steinbeil-Fabriken in England. Mond- und Sonnenheiligtum Stonehenge entsteht bis 1800 v. Chr. MY = Megalith Yard als einheitliches Längenmaß vom Atlantik bis Westpreußen. In England auch Ellipsen und pythagoreische Dreiecke
– Babylon: Inhaltsberechnung von Rechteck, Dreieck, Trapez, Kreis und Zylinder. Münzgeld und Wechsel
– Ägypten: Medizin als Priestergeheimlehre stützt sich auf sechs überlieferte Bücher. Vorläufer des Suezkanals verbindet Nil mit Rotem Meer
2000 Anatolien: Bronzene Beile
– Vom Kaukasus-Vorland bis Norddeutschland: ein Netz von Handelswegen
– Europa und China: Bronze tritt vermehrt an die Stelle des Kupfers
1900 Babylon: Gebrauch von Eisen. Priester berechnen Mondumlauf auf 0,4 Sekunden genau
1850 Pferderennbahn in England
1800 Hethiter in Anatolien: Erste hethitische Inschriften 1850 v. Chr.
1770 Nordeuropäer bauen seetüchtige Schiffe aus hölzernen Planken

1700 Florierender Handel zwischen England und Skandinavien
– Die Kreter rechnen und wiegen mit Dezimalsystem
1660 Indien: Staudamm aus poliertem Marmor bei Rajsamand, 5,4 km lang und 14 m hoch
1600 Eisenproduktion in Anatolien
– Mykenisches Handelsimperium. Bernstein von der Ostsee im Mittelmeerraum. Kretisch-mykenische Hochkultur
1520 Vulkankatastrophe Thera/Santorin
1500 Ägypten: Glasbearbeitung. Expeditionen in den indischen Ozean (wahrscheinlich bis Sumatra)
1500 Stadtplan von Nippur
– Thrakische Ärzte wenden Psychotherapie an
1375 Kanaan: Sechsstöckige Hochhäuser in Tyros
– Mexiko: Sonnenpyramide in Teotihuacán
1350 Syrien: Keilschrift-Alphabet in Ras Shamra und Ugarit mit 30 Schriftzeichen
1200 Ägypten: Eisen verdrängt Kupfer
– Seevölker aus dem Norden im Mittelmeerraum. Zerstören durch Raubzüge das Reich der Hethiter
– Dorische Wanderung
– Aus den Städten Kanaans werden Stadtstaaten der Phönizier
– In Europa und Vorderasien lösen Reiterkrieger die Streitwagen ab
1194 Krieg um Troja, endet 1184 mit der völligen Zerstörung

1150 Blühende Metallindustrie in Tartassos (Spanien)
– Armenien und Südkaukasien: Schweißeisenerzeugung und Oberflächenstahlhärtung
– Phönizien: Metallverarbeitung, Schiffsbau, künstliche Häfen, Dämme, Brücken, Purpurgewinnung, Bergwerkstädte
1150 Phönizier aus Sidon gründen Kolonie Karthago
– Zerstörung Mykenes
1100 Ägyptische Gesandte in China
1000 Phönizier verbreiten (vereinfachte) Buchstabenschrift
– Im Mittelmeerraum einschließlich Anatolien und Thrakien: Destillierapparate, Dampfleitungen, Zahnräder, Kolbenpumpen, Wasserhebeschrauben, Flaschenzüge, Drehbänke, Druckwasserleitungen und Feuerspritzen
– Thraker exportieren Wein und Gerstenbier
– Phönizier fahren durch die Straße von Gibraltar nach Tartassos und in den Atlantik, besiedeln Küstenplätze in Spanien und an der Atlantikküste Marokkos
950 Eisen im griechischen Kulturkreis
– Bei Aqaba am Roten Meer entsteht Salomos Industriezentrum mit Verhüttungsanlagen und Schmelzöfen
900 Etrusker kommen aus Kleinasien nach Italien
814 Phönizier aus Tyros machen Karthago zu selbständiger Handelsmetropole
800 Eisen jetzt auch in Nordeuropa

– Bergleute, Handwerker, Pelzjäger und Händler aus Europa gründen Siedlungen und Kolonien auf dem amerikanischen Kontinent
– Ägypter, Libyer und Keltiberer in einer Kolonie in Iowa (Nordamerika)
750 Blütezeit der griechischen Kolonisation. Bis 650 Kolonien in Unteritalien, auf Sizilien und am Schwarzen Meer
750 Kelten siedeln in England
– Kelten in Frankreich verwenden bei ihren Pferden Hufeisen
700 Etrusker bauen Eisenindustrie in Italien auf
680 Phönizische Schriften auf Sumatra. Phönizier gründen Siedlung in Shantung
650 Italische Völker übernehmen westgriechisches Alphabet
607 Etruskerkönig Tarquinius gründet Rom. Blütezeit des etruskischen Bergbaus und Metallexports
600 Phönizier umschiffen Afrika
580 Kelten in Oberitalien
533 Karthago erobert und zerstört Tartassos
500 Kärnten: Kelten erzeugen Schweißstahl aus manganhaltigen Eisenerzen. In Süddeutschland: Weicheisenguß und feinste Eisenbleche. In Norddeutschland und auf Jütland: Stahlproduktion
– Hölzerne Fässer der Gallier (Kelten) verdrängen bis 100 v. Chr. griechisch-römische Weinkrüge
400 Leichtmetallegierung der Kelten: Produzieren aus Kupfer und Zinkspat eine Art Mes-

sing. Fabrikartige Herstellung hochentwikkelter Eisenwerkzeuge

– Regelmäßiger Handelsverkehr der Kelten und Phönizier über den Atlantik nach Amerika

379 Plato erwähnt in seiner Schrift »Phaidon« die Kugelgestalt der Erde. Ebenso Eudoxos von Knidos (356 v. Chr.) und Herakleides (350 v. Chr.). Um 250 v. Chr. berechnet Eratosthenes den Erdumfang fast genau. Aber schon Aristoteles (384–322 v. Chr.) stellt sich in vielem gegen seinen Lehrmeister Plato, so gegen den Katastrophenbericht von Atlantis und so auch gegen das heliozentrische Weltbild. Er beeinflußt die Entwicklung abendländischer Geistes- und Naturwissenschaften über das Mittelalter hinaus. Aristarchos von Samos (270 v. Chr.) berechnet die Umlaufbahnen der Planeten um die Sonne und versucht das heliozentrische System zu verteidigen, vermag sich jedoch gegen die Autorität des Aristoteles nicht durchzusetzen. So kann Ptolemäus 170 v. Chr. die Erde endgültig als flache Scheibe fixieren

332 Karthagische Seefahrer auf Neuguinea

264 Beginn der kriegerischen Auseinandersetzungen Rom–Karthago. 216 v. Chr. Hannibals Sieg bei Cannae. 146 v. Chr. Karthagos Ende (von 500 000 Einwohnern überleben 50 000 als Sklaven)

250 Alexandria ist Mittelpunkt griechischer Wissenschaft. Bibliothek (285 v. Chr. gegründet)

mit 500000 Buchrollen wird bei der Auseinandersetzung zwischen Cäsar und Pompeius 47 v. Chr. zerstört

– Algonkin-Indianer übernehmen Teile der ägyptischen Sprache und Hieroglyphen

– Karthager und Keltiberer verwenden Mäh- und Dreschmaschinen

– Apollonius von Perga berechnet in Alexandria die Kreiszahl Pi = 3.1415926536---, bereits 2700 v. Chr. beim Bau der Cheopspyramide fälschlich als Verhältniszahl Höhe: Grundlinie angewandt. In der abendländischen Mathematik erst eingeführt durch den Holländer Ludolf van Ceulen (1540 bis 1610 n. Chr.). Nach ihm Ludolfsche Zahl genannt

100 Mittelamerikanische Priesterastronomen berechnen das Sonnenjahr um 8,64 Sekunden genauer als der Gregorianische Kalender

46 Julianischer Kalender eingeführt durch Cäsar, bestimmt das Sonnenjahr mit 365¼ Tagen (alle vier Jahre ein Schalttag). Erst Ende des 16. Jahrhunderts fiel auf, daß dieses Sonnenjahr um 0,0078 Tage zu lang ist. Reform des Kalenders dann 1582 n. Chr. durch Papst Gregor XIII. Durchschnittliche Jahreslänge des Gregorianischen Kalenders jetzt 365,2425 Tage (erst nach 3000 Jahren ein Tag Abweichung vom Sonnenjahr)

0 Geburt des Jesus von Nazareth. Fehlberechnung des Abtes Dionysius im 6. Jahrhundert n. Chr. verschob das Geburtsdatum um sie-

Viking II-Lander mit seiner Kommando-Empfangsantenne. Aufnahme vom Oktober 1977 in der Utopia Region auf dem Mars. Deutlich erkennbar die Reifschicht aus gefrorenem Wasser auf dem Marsboden.
Photo: NASA

Cydonia-Region mit dem steinernen Antlitz von 1,5 Kilometer Durchmesser. Fünfzehn Kilometer davon entfernt die auf der linken Bildseite erkennbaren Pyramiden. Die östlich gelegene hat eine eingestürzte Seitenwand und ermöglicht den Einblick in einen quadratischen Innenraum.

Photo: NASA

Menschengesicht aus Stein in der Cydonia-Region des Mars.
Photo: NASA

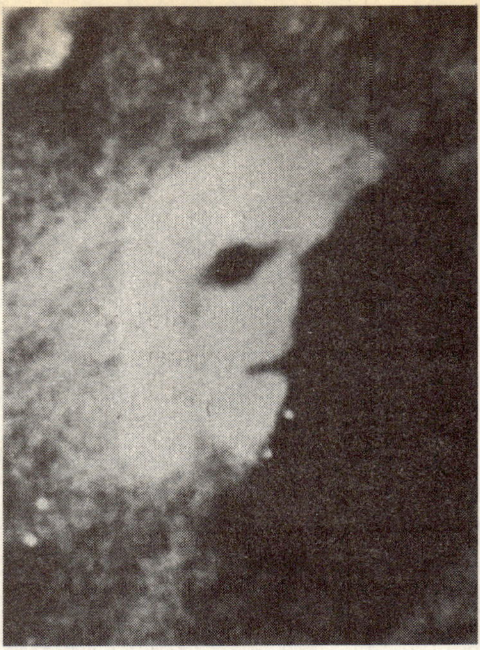

Von Vincent DiPietro und Gregory Molenaar durch computergesteuerte Falschfarbencodierung (hier in Schwarzweiß) sichtbar gemachte Einzelheiten des Marskopfes, die dem menschlichen Auge normalerweise entgehen: Beide Augen mit Augäpfeln und Pupillen; Haarlinie, Mund, Nase und Kinn, die sich auch auf der Schattenseite fortsetzen.
Photo: Vincent DiPietro und Gregory Molenaar

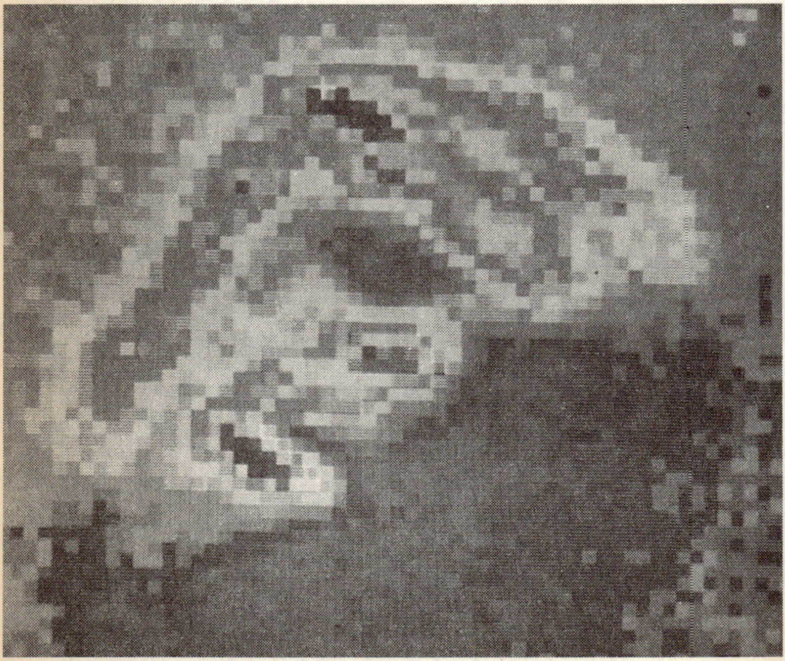

ben Jahre und bestimmte damit den heute gültigen Tag 0 als Tag und Jahr der Geburt Christi

Jede Zusammenfassung der Kulturepochen des Menschen kann nur fragmentarisch ausfallen. Denn in vieler Hinsicht stehen wir hier vor dem gleichen Problem wie bei der Evolutionsgeschichte des Menschen, die ja auf nur wenigen Knochenfragmenten basiert. Die kulturellen Epochen weisen zu viele Lücken und zu wenig Informationen auf, um daraus ein authentisches Bild rekonstruieren zu können. Zudem unterliegen Forscher durch neue Funde immer wieder dem Zwang, die Epochen der Menschheitsgeschichte weiter und weiter zurückzuverlegen und etablierte Ansichten zu revidieren. So wurde zum Beispiel vor kurzem die ägyptische Cheops-Pyramide mit Hilfe elektronischer Wellen untersucht und dabei eine Reihe neuer Kammern entdeckt. Das führt zur Annahme, daß die über 4500 Jahre alte Pyramide zu fünfzehn Prozent hohl sein muß, also weitere Kammern beherbergt. Welchem Zweck kann sie gedient haben?
Der norwegische Archäologe Thor Heyerdahl sucht gegenwärtig auf den Osterinseln nach den Spuren eines geheimnisvollen untergegangenen Kulturvolkes, das dort knapp tausend Jahre v. Chr. existiert haben soll. Er ist bereits auf sehr alte Mauerreste gestoßen.

Nun liegt es durchaus im Bereich der Möglichkeiten, daß einige sehr wichtige Fragen über Herkunft und Vergangenheit des Menschen nicht allein durch Funde auf der Erde beantwortet werden können, sondern durch die Viking-Orbiter-Entdeckungen auf unserem Nachbarplaneten Mars. Folgen wir also den Orbiter-Kameras und schauen uns die geheimnisvollen Monumente und Anlagen durch ihre fotografischen Augen näher an.

10

Hinterlassenschaft in Stein

Während die beiden Viking-Lander 1976 im roten Marssand nach Bodenproben schürften und ihre widersprüchlichen Daten zur Erde funkten, umkreisten die Viking-Orbiter in etwa 2200 Kilometern Höhe den Planeten und fotografierten seine Oberfläche.
Jede einzelne Aufnahme der Orbiter-Kameras wurde von den Bordcomputern abgetastet und in 321 024 pixels (kleinste Bildzellen bzw. -einheiten) zerlegt. Jedes Bild setzte sich aus 1056 Zeilen mit jeweils 1204 pixels zusammen. Was kleiner als fünfzig Meter im Durchmesser war, wurde vom pixel allerdings nicht mehr registriert. Jedes einzelne dieser höchst lichtempfindlichen pixels hatte die Möglichkeit, auf eine von 256 Grauschattierungen zwischen Schwarz und Weiß zu reagieren und den jeweiligen Grauwert zu speichern. Vom Computer wurde dann jedem pixel je nach seinem Platz im Bild und seinem Grautonspeicherungswert ein Zahlencode zugeteilt.
Insgesamt wurden dreihunderttausend Aufnahmen der Marsoberfläche in nahezu unzähligen pixels zur Erde gesendet und dort im National Space Science Data Center in Greenbelt/Maryland auf Computerbändern gespeichert. Davon sind bisher allerdings nur sechzigtausend in Bildverarbeitungsverfahren

ausgewertet worden, da dieses Verfahren sehr teuer und der dafür vorgesehene Etat bereits verbraucht ist.

240000 zerlegte Marsaufnahmen verblieben unbeachtet im Archiv des National Space Science Data Center. Daran hätte sich auch wohl kaum etwas geändert, wenn der Computerspezialist Vincent DiPietro aus Glenndale/Maryland 1980 nicht zufällig die bereits prozessierten Marsaufnahmen in Greenbelt durchgesehen hätte. Plötzlich sah er die Schwarzweißaufnahme des »erhabenen Abbilds eines menschenähnlichen Antlitzes gegen den Hintergrund der Marslandschaft«, wie sich DiPietro wörtlich ausdrückt.

Das Foto war mit dem Titel »Kopf« versehen.

DiPietro notierte sich die Nummer der Aufnahme (35A72), die am 31. Juli 1976 registriert worden war, und besorgte sich einen Abzug. Der steinerne Kopf mit einem Durchmesser von 1500 Metern war in einem Gebiet von etwa 63 × 58 Kilometern der Cydonia-Region fotografiert worden.

»Ich war erleichtert und neugierig«, schreibt DiPietro in seinem Bericht. »Erleichtert, daß NASA die Aufnahme registriert hatte, und neugierig, weil ich Näheres wissen wollte.«

Der Computerwissenschaftler Gregory Molenaar, den DiPietro auf diese Marsaufnahme aufmerksam gemacht hatte, war so fasziniert von dem steinernen Antlitz, daß er sich zu einer Zusammenarbeit mit DiPietro entschloß, um die Bildqualität mit Hilfe der Computertechnik zu verbessern und mehr Einzelhei-

ten herauszuholen. Und damit nahm ein jahrelanges phantastisches Abenteuer seinen Anfang.
Die Computerspezialisten entschlossen sich, die Aufnahme zuerst einmal mit Hilfe der Digitalcomputertechnik zu vergrößern. Als nächstes wurde der Kontrast der Grauschattierungen der pixels gestreckt und verstärkt. Doch das Resultat war unbefriedigend, weil die durch die Vergrößerung übergroßen pixels eine Art »Treppenstufenmuster«-Effekt auslösten. DiPietro und Molenaar entwickelten nun eine Methode, nach der die ursprünglichen pixels in neun neue kleinere Einheiten aufgeteilt wurden. Die beiden Wissenschaftler nannten dieses neue Computerbild-Analyseverfahren »Starburst pixel interleaving technique – SPIT«. Diese neue Methode erlaubte nicht nur eine entschieden bessere Bildauflösung, sondern auch eine Verdeutlichung von Übertragungsfehlern zwischen den Viking-Orbitern und der Erde. Auch im steinernen Marsgesicht wurden nun wesentlich mehr Einzelheiten erkennbar. Denn diese Computertechnik erlaubte es, Lichtzonen aufzuhellen und Schatten zu vertiefen, um Einzelheiten der Originalaufnahme zu verdeutlichen, das heißt, der Kontrast wurde verstärkt.

Nach der Erstveröffentlichung der Aufnahme des halb im Schatten liegenden Marskopfes durch die Weltpresse unterstellten Kritiker voreilig, es handele sich ganz einfach um eine optische Täuschung. Denn der Sonnenstand sei für Licht- und Schattenzonen auf der Steinformation verantwortlich, durch die sie rein zufällig wie ein menschliches Gesicht wirke.

Schon durch die erste Analyse von DiPietro und Molenaar erwies sich jedoch, daß die im Sonnenlicht liegende Gesichtshälfte eine Augenhöhle, den Nasenrücken, Mund, Kinn und Haaransatz zeigte, die kaum einem zufälligen Licht- und Schattenspiel zugeschrieben werden konnten. Da die beiden Computerspezialisten jedoch sichergehen wollten, sahen sie im NASA-Archiv in Greenbelt das Viking-Material noch einmal gründlich durch. Dabei stießen sie auf eine weitere Aufnahme des Marskopfes (70A13), die der Viking-Orbiter 35 Tage nach der ersten aufgenommen hatte. Unterschied: Ein anderer Kamerawinkel, ein anderer Sonnenstand und eine niederere Umlaufbahn des Orbiters.
Im März 1980 erhielten DiPietro und Molenaar das Band mit dieser zweiten Marsgesichtaufnahme von der NASA zur Auswertung. Sie bearbeiteten sie nach der bereits erwähnten SPIT-Methode, und das erzielte Resultat überstieg alle Erwartungen: Dieses zweite Bild war nicht nur eine Bestätigung der ersten Aufnahme, sondern brachte zusätzliche Einzelheiten ans Licht. Die im Sonnenlicht der ersten Aufnahme sichtbare Augenhöhle war auch auf der zweiten unverändert, aber dazu wurde noch die zweite Augenhöhle erkennbar. Der Haaransatz, die »Pagenfrisur«, umrahmte auch die andere Gesichtshälfte. Die Kinnlinie zeichnete sich ab, und zudem entdeckten DiPietro und Molenaar etwa fünfzehn Kilometer vom Marskopf entfernt zu ihrer Überraschung eine riesige Pyramide. Die scharfen Außenkanten und Ecken waren völlig symmetrisch. Eine Seitenlinie würde, verlängert, parallel zur Achse des Planeten verlaufen.

Wie wir wissen, hatte ja bereits Mariner 9 am 8. Februar 1972 in der Elysium Region des Mars Pyramiden entdeckt.
Einige wissenschaftliche Erklärungen verbinden den natürlichen Ursprung der Pyramiden mit tektonischen Verschiebungen durch Marsbeben und mit der Einwirkung von Sandstürmen, durch die der glatte Schliff der Wände verursacht worden sei. Dagegen argumentieren DiPietro und Molenaar ironisch, der Wind müsse ausgesprochen wählerisch gewesen sein, da er andere Felsformationen in der Gegend ausgespart habe. Die Natur müsse die Unterbodenplatten des Planeten selektiv wie ein Diamantschneider bearbeitet haben, um ein so präzises, einzigartiges Monument schaffen zu können. »Wir sind nicht überzeugt, daß dafür allein natürliche Ursachen verantwortlich sind«, stellen die beiden Wissenschaftler fest.
Es darf nicht vergessen werden, daß es außer dieser Pyramide noch eine ganze Reihe anderer auf dem Mars gibt, deren symmetrisches Erscheinungsbild besonders überraschend ist, da sie im Gegensatz zu den meisten irdischen Pyramiden allem Anschein nach relativ wenig Verwitterungsschäden aufweisen.

DiPietro und Molenaar beschäftigte vor allem die Frage, wie sie den Marsgesichtaufnahmen eventuell noch weitere Einzelheiten »entlocken« könnten. Es ging ihnen darum herauszufinden, ob nicht Meteoriteneinschläge, Sandstürme, Verwitterung oder ähnliches – also ganz einfach eine Laune der Natur – dieses steinerne Gesicht geformt hatte. Sie entschlos-

sen sich daher, der Sache mit Hilfe der Falschfarbencodierung auf den Grund zu gehen.
Diese Technik ermöglicht es, dem Helligkeitsmuster einer Fotografie Informationen zu entnehmen, die dem menschlichen Auge normalerweise verborgen bleiben. Dabei wird die Fähigkeit des Auges genutzt, Farben weit besser unterscheiden zu können als Grauschattierungen.
Zur Farbcodierung einer Originalaufnahme ist der Computer an einen Farbbildschirm angeschlossen. Jedes pixel wird seinem Grauton entsprechend einer Farbe zugeordnet. Die dunkelsten Stellen der Fotografie erscheinen auf dem Bildschirm als Lila- oder Rottöne. Bei Bildstellen, die zunehmend heller werden, erfolgt eine Farbumsetzung in Gelb-, Grün- und Blauschattierungen. Lichtflecken werden in Weiß wiedergegeben. Durch diese Technik lassen sich Beschaffenheit, Form, Größe oder Lage eines fotografierten Objekts bestimmen. Zudem wird eine Dreidimensionalisierung ermöglicht, die Aufschluß gibt über die Form der Objektoberfläche und Details hervorhebt, die auf einem gewöhnlichen Foto nicht zu sehen sind.
Die Auswertungsresultate der beiden Marsfotos durch die Falschfarbenmethode waren einfach unfaßbar: Die Gesichtszüge auf beiden Aufnahmen waren gleich. Die Augenhöhlen bargen die größte Überraschung: Augäpfel mit der Pupille im Zentrum waren plötzlich zu erkennen. Der schon auf den Schwarzweißfotos sichtbare Haaransatz und der Mund kamen noch deutlicher zum Vorschein – dazu eine steinerne Träne auf der vom Sonnenlicht beleuchteten Wange.

Ein ebenmäßiges menschliches Antlitz blickt in den Marshimmel.
»Wenn die vielen frappierenden Einzelheiten dieses steinernen Kopfes sich natürlich formiert haben, muß die Natur selbst ein hochgradig intelligentes Wesen sein«, kommentieren DiPietro und Molenaar.
Unabhängig von den beiden Computerwissenschaftlern analysierte 1986 Dr. M. J. Carlotto, Direktor der Hualytic Sciences Corporation, das Marsgesicht und entdeckte sogar Zähne in dessen geöffnetem Mund.
Während eines Gesprächs mit Vincent DiPietro im Januar 1987 erfuhr ich eine weitere Sensation: Er analysiert gegenwärtig die Viking-Aufnahme eines weiteren steinernen Gesichts in der Utopia-Region, das dem in der Cydonia-Region praktisch aufs Haar gleichen soll. Und wenn man einem Gerücht bei der NASA Glauben schenken darf, so existieren überdies zehn weitere steinerne Gesichter auf dem Mars.

Nicht genug damit wurden auf Marsaufnahmen auch noch rechteckige und quadratische wie Mauerfundamente anmutende Strukturen entdeckt, die von der NASA »Inkastadt« getauft wurden. Dem NASA-Foto 4212-15 zufolge liegt diese »Inkastadt« nicht weit vom Südpol des Planeten entfernt, auf 80° südlicher Breite und 64° Länge. Es fällt schwer, zu glauben, daß die Mauern dieser Stadt auf dem Mars mit ihren überaus symmetrischen Rechtecken und Quadraten durch tektonische Verschiebungen entstanden sind.
Ungewöhnlich erscheinen auch Strukturen, die nahe dem Marsäquator auf 1,9° südlicher Breite und 186,4°

Länge festgestellt wurden. Sie erinnern an alte riesige »Wagenräder« ohne Reifen. An gewaltigen »Radnaben« scheinen jeweils fünf breite »Speichen« strahlenförmig »befestigt«. Diese Strukturen konnten bis heute nicht befriedigend erklärt werden, wenn auch einige NASA-Wissenschaftler vermuten, daß sie durch Schmelzen des Permafrostes entstanden sein könnten.
Ist es möglich, daß all diese Monumente natürlichen Ursprungs sind – die steinernen Köpfe mit ihren menschlichen Gesichtern, die streng symmetrischen Pyramiden und die rechteckigen und quadratischen Strukturen der Inkastadt? Oder wurden sie künstlich geschaffen?

Computeranalysen zufolge müßte es sich um künstliche Anlagen handeln. Aber wenn das wirklich zutreffen sollte, wären die Konsequenzen unausdenkbar, und wir stünden vor der ungeheuren Frage, wer dafür verantwortlich war. Wann und von wem wurden diese Monumente geschaffen? Etwa von Marsianern, die vor langer Zeit einmal existierten? Von einer längst untergegangenen, hochentwickelten irdischen Zivilisation, die der Raumfahrt mächtig war? Von einer Zivilisation, die auf einem Planeten zwischen Mars und Jupiter lebte, die einer kosmischen oder »hausgemachten« Katastrophe zum Opfer fiel? Oder gar von Raumfahrern aus einem anderen Planetensystem?
Jedenfalls gibt es unter einigen Wissenschaftlern Kontroversen darüber, ob nicht eine hochentwikkelte Zivilisation vor Hunderttausenden von Jahren

auf dem heute lebensfeindlichen Planeten lebte und dafür verantwortlich sein könnte.
Heute weiß niemand, was uns erwartet, wenn die bisher noch in Datenspeichern ruhenden, codierten pixels der 240000 Marsaufnahmen – also achtzig Prozent –, die bisher noch nicht bearbeitet wurden, ihre Geheimnisse preisgeben.
Gehen wir einmal von der Annahme aus, daß dieser steinerne Marskopf bzw. die Köpfe von humanoiden Lebewesen gestaltet wurden. Dann müßten wir uns fragen, welchen Zweck sie damit verfolgt haben. Schaut das steinerne Antlitz mit der Träne auf der Wange nicht zum blaßroten Marshimmel auf, als hoffe es, von dort aus gesehen zu werden? Vom Marsboden aus wäre das ein paar hundert Meter hohe Gebilde von anderthalb Kilometern Durchmesser doch gar nicht als Gesicht zu erkennen. Demzufolge müßte dieser Kopf wie die anderen mit der Absicht geschaffen worden sein, von oben entdeckt zu werden.

Auch auf der Erde existieren Riesenfiguren, die in ihrer Gesamtheit nur vom Flugzeug aus erkennbar sind. So zum Beispiel das berühmte, mindestens zweitausend Jahre alte, 110 Meter lange weiße Pferd bei Uffington in der englischen Grafschaft Berkshire. Seine von der Grasnarbe befreiten Umrisse sind auf dem hügeligen Kreideboden der Gegend aus der Luft erkennbar.
Und auf dem sogenannten Gigantenhügel von Cerne Abbes an der Südküste von England schwingt eine überdimensionale Männerfigur drohend eine Keule himmelwärts. Selbst im ausgetrockneten Wüstenbo-

den Saudi-Arabiens, etwa vierhundert Kilometer südlich von Tabuk, ist ein gewaltiges, rund achthundert Meter großes Symbol ausgespart und mit Steinen ausgelegt. Es stellt ein pyramidenförmiges Dreieck dar, das an der Spitze in einen »Kamin« ausläuft, der in fünf gleichmäßige Sektoren aufgeteilt ist. Über dem »Kamin« befindet sich ein großer schwarzer Ring, der im Durchmesser größer ist als der Pyramidensockel. Der Mittelpunkt des Ringes ist durch einen großen schwarzen Punkt gekennzeichnet. Wer dieses Symbol in der lebensfeindlichen Wüste schuf und warum, weiß niemand. Jedenfalls ist dieses Kunstwerk nur aus großer Höhe in seinem ganzen Umfang erfaßbar.
Vielleicht sollten wir in diesem Zusammenhang noch die kilometerlangen, künstlich angelegten Nazca-Linien erwähnen, die ein Pendant zu den mysteriösen Linienmustern auf dem Tharsis-Plateau des Mars darstellen könnten.

Inzwischen gibt es eine ganze Reihe von Wissenschaftlern und Laien, die sich mit der Frage befassen, ob nicht Außerirdische auf der Erde oder auf anderen Planeten unseres Sonnensystems Gegenstände, also Artefakte, hinterlassen haben könnten.
Als Forschungsgebiet gewinnt die Suche nach außerirdischen Artefakten (SETA) zunehmend an Bedeutung. In diesem Zusammenhang schreibt Johannes Fiebag, Mitherausgeber des Buches »Aus den Tiefen des Alls«:
»Es gibt alles in allem drei Kategorien von Artefakten auf unserer Erde, die von uns gefunden werden kön-

nen. Die erste wären derartige unabsichtlich zurückgelassene, verlorengegangene, vergessene oder einfach unbrauchbar gewordene Geräte oder Teile von Geräten. Die Chance sie zu finden besteht, ist aber sehr gering.
In die zweite Kategorie könnte man bewußt (und zwar in historischer Zeit) zurückgelassene Gegenstände einordnen, die einzelnen Menschen oder Menschengruppen übergeben wurden, ohne daß damit eine unmittelbare Botschaft für spätere Zeiten verbunden gewesen ist. Die Wahrscheinlichkeit, derartige Geräte oder Teile davon zu finden, ist ungleich höher als für die erste Art, weil sich Hinweise auf solche Artefakte in alten Texten, Überlieferungen, Bildern usw. verbergen können.
Zur dritten Kategorie schließlich zählen in historischer oder prähistorischer Zeit auf der Erde oder im Sonnensystem zurückgelassene Datenträger, die uns zu einem bestimmten, von den Besuchern festgelegten Zeitpunkt über deren Anwesenheit, deren Motive oder einfach deren Existenz informieren sollen. Solche Artefakte werden an logisch erfaßbaren Punkten hinterlegt worden sein, Punkte, die zum einen eine Zerstörung, zum anderen eine zu frühzeitige Entdekkung weitgehend ausschließen. Die Möglichkeit, derartige Datenträger zu finden, dürfte derzeit von allen angeführten Arten die größte Wahrscheinlichkeit besitzen.
Die Deponierung eines Artefakts auf unserer Erde ist folglich nicht unbedingt auszuschließen, aber auch nicht sehr wahrscheinlich. Etwas günstiger sieht es da auf einigen der anderen Planeten und Monden unseres

Sonnensystems aus, denn die Gefahr einer zu frühzeitigen Entdeckung besteht dort nicht. Im Gegenteil: Der Datenträger kann erst dann gefunden und erkannt werden, wenn wir selbst Raumfahrt betreiben und in der Lage dazu sind, die enthaltene Botschaft zu entschlüsseln. Zudem herrschen auf den meisten der in Frage kommenden Welten ganz andere, für eine Deponierung wesentlich günstigere Umweltbedingungen als auf der Erde mit ihren aktiven geologischen Vorgängen und dem aggressiv wirkenden Klima.«

Die klimatischen Voraussetzungen auf dem Mars wären da wesentlich günstiger.

NASA-Mitarbeiter Dr. Robert A. Freitas meint, daß die einfachste Art eines passiven, außerirdischen Artefakts Denkmäler einschließlich Skulpturen seien. Zudem wäre hier eine maximale Lebensspanne unter gleichzeitiger minimaler Komplexität gegeben.

Die Köpfe und Pyramiden auf dem Mars würden genau diesen Kriterien entsprechen. Darüber hinaus wären diese Köpfe leicht als künstliche Gebilde zu identifizieren und hätten damit eine Signalwirkung. Sie würden auf die Existenz oder ehemalige Existenz einer humanoiden intelligenten Art hinweisen, die sich auf dem Mars entweder kurz- oder langfristig aufgehalten hat.

Diese gigantischen, wegen ihrer Einfachheit kaum anfälligen Monumente aus Stein garantierten eine Lebensdauer bis in die fernste Zukunft.

Wir wissen nicht, wer die eventuellen Urheber waren. Aber gibt es möglicherweise Indizien, die auf sie hinweisen?

11

Der zehnte Planet

Astronomen vermuten schon seit geraumer Zeit, daß ursprünglich zwischen Mars und Jupiter ein weiterer Planet seine Bahn um die Sonne zog – eine Annahme, die sich auf relativ konkrete Anhaltspunkte stützt. Könnten wir nämlich unser gesamtes Sonnensystem von oben betrachten, erschiene es uns als riesige flache Scheibe, mit der Sonne im Zentrum, die von den neun Planeten in mehr oder weniger exzentrischen Ellipsen umkreist wird. Wenn wir von der Sonne aus auf die ersten fünf Planeten blicken – Merkur, Venus, Erde, Mars und Jupiter – fällt auf, daß sie in bestimmten regelmäßigen Abständen von ihrem Zentralstern entfernt sind. Es gibt allerdings eine irritierende Ausnahme: die zwischen Mars und Jupiter unharmonisch große Lücke. Bereits 1766 fand Johannes D. Titius eine mathematische Beziehung für die Entfernung der Planeten untereinander. 1772 untersuchte Johann Bode diese Abstandsbeziehungen näher und veröffentlichte darüber eine Arbeit, die als sogenannte Titius-Bodesche Regel in die Astronomie einging. Nach dieser Regel existiert eine Gesetzmäßigkeit im Abstand der Planeten von der Sonne. Sie wird folgendermaßen berechnet: Abstand = 0,4 plus 0,3 × 2 hoch Reihenfolgezahl des Planeten. (Erde = 1; Venus = −1; Mars = 2; ...)
Auf die Erde bezogen also: 0,4 plus 0,3 × 2 = 1,0

Demnach sind die Abstandswerte für:

Merkur	=	0,4
Venus	=	0,7
Erde	=	1,0
Mars	=	1,6
Jupiter	=	5,2

In astronomischen Einheiten (AE), wobei 1 AE = 149598000 Kilometer entspricht, als der durchschnittlichen Entfernung zwischen Erde und Sonne, wären es für:

Merkur	=	0,39 AE
Venus	=	0,72 AE
Erde	=	1,00 AE
Mars	=	1,52 AE
Jupiter	=	5,20 AE

Nach der Titius-Bodeschen Regel paßt der Abstand zwischen Mars und Jupiter nicht ins Bild. Hier fehlt offensichtlich ein Planet.

Von Natur bilden die Planeten zwei unterschiedliche Gruppen. Die innere – von Merkur bis einschließlich Mars – hat wenig Masse, hohe Dichte, geringe Umdrehungsgeschwindigkeit und wenige Monde. Die sonnenferne Gruppe – Pluto ausgeschlossen – hat gegenüber der inneren Gruppe viel Masse, niedere Dichte, hohe Umdrehungsgeschwindigkeit und zahlreiche Monde. Kein Wunder, daß diese Gesetzmäßigkeiten die verschiedensten Hypothesen über die Geburt unseres Sonnensystems beeinflußt haben. Dieses regelmäßige Muster konnte einfach nicht das Ergebnis puren Zufalls sein. Aber diese ärgerliche, unerklärliche Lücke verdarb das Konzept.

Nach der Entdeckung des Uranus interessierten sich die Astronomen besonders für diese Lücke. Denn die Vorstellung eines noch unentdeckten Planeten war für sie recht aufregend. Konnte es möglich sein, daß in dieser Lücke ein Planet übersehen worden war? Eine Gruppe deutscher Astronomen, die Heinrich W.M. Olbers leitete, beabsichtigte, den Himmel systematisch nach einem solchen Planeten abzusuchen. Doch während ihrer Vorbereitungen entdeckte der italienische Astronom Giuseppe Piazzi bei seinen routinemäßigen Himmelsdurchforschungen ein Objekt, das seine Position von Tag zu Tag änderte. Nach seiner Fortbewegungsgeschwindigkeit zu urteilen, mußte seine Umlaufbahn zwischen Mars und Jupiter liegen und seiner Helligkeit nach konnte es nur sehr klein sein. Piazzi entdeckte diesen Himmelskörper am 1. Januar 1801 und taufte ihn in Anlehnung an eine seiner Heimatinsel Sizilien einst sehr gewogenen römischen Korngöttin Ceres.
Der deutsche Mathematiker Carl Friedrich Gauß errechnete nach den von Piazzi gemachten Beobachtungen die Umlaufbahn des Objekts. Wie sich herausstellte, war es tatsächlich ein neuentdeckter »Planet«. Und seine Umlaufbahn befand sich genau an der richtigen Stelle der Lücke (nach der Titius-Bodeschen Regel 2,8 und nach AE 2,9 Entfernung von der Sonne) zwischen Mars und Jupiter, um die Harmonie in der Reihe der Planeten zu vervollständigen. Nach Berechnungen seiner scheinbaren Helligkeit und seiner Entfernung mußte Ceres sehr klein sein, viel kleiner als alle anderen Planeten. Neuesten Messungen zufolge liegt sein Durchmesser bei etwa tausend Kilometern,

wenn auch seine Masse wahrscheinlich nur 1/50 der unseres Mondes beträgt.
Da es kaum möglich schien, daß ein kleiner Himmelskörper wie Ceres als einziger die Lücke zwischen Jupiter und Mars ausfüllen würde, nahm Olbers die Suche wieder auf. So wurden dort bis 1807 tatsächlich drei weitere kleine Objekte entdeckt – Juno, Pallas und Vesta. Sie waren noch winziger als Ceres. Juno, der »Zwerg« unter ihnen, hat einen Durchmesser von nur 240 Kilometern. Sie konnten nicht einmal von den besten Teleskopen der damaligen Zeit als Scheiben ausgemacht werden und zeichneten sich, wie die Fixsterne, nur als winzige Punkte ab. Aus diesem Grund regte Herschel an, sie Asteroiden zu nennen.
Erst 1845 entdeckte der deutsche Astronom Karl L. Henke den fünften Asteroiden, den er Astraca taufte. In der Folge wurden ständig neue ausgemacht und bis heute über 2300 Asteroiden gefunden. Sie sind ausnahmslos kleiner als Ceres und ziehen fast alle ihre Bahnen zwischen Jupiter und Mars, in einem Bereich, den wir heute unter der Bezeichnung Asteroidengürtel kennen. Zweifellos harren dort noch unzählige kleinere Gesteinsbrocken ihrer Entdeckung.

Wie könnten diese »Winzlinge« nun erklärt werden? Olbers vermutete bereits zu der Zeit, als nur vier Asteroiden entdeckt waren, daß es sich dabei um Fragmente eines explodierten Planeten handelt.
Bis heute hat sich bei einer Reihe von Astronomen und Geophysikern die Überzeugung gehalten, daß die unzähligen Gesteinsbrocken unterschiedlichster Größe des Asteroidengürtels die traurigen Reste eines einsti-

gen zehnten Planeten zwischen Mars und Jupiter darstellen.
Dieser hypothetische Planet erhielt sogar einen Namen – Phaethon. Nach der griechischen Mythologie war Phaethon der Sohn des Sonnengottes Helios. Als er von seinem Vater die Erlaubnis erhielt, den Sonnenwagen zu lenken, kam er der Erde zu nahe, stürzte ab und steckte die Welt in Brand. Darüber erzürnt schleuderte ihn Zeus in den Fluß Eridanos, der den verstorbenen Seelen den Weg in die Unterwelt weist.
Symbolisiert dieser Mythos von Phaethon unter Umständen ein tatsächliches Geschehen, eine furchtbare Katastrophe, von der die Erde heimgesucht wurde?
Hypothesen zufolge fiel Phaethon einer Katastrophe zum Opfer. Entweder erfolgte ein Zusammenstoß mit einem riesigen Planetoiden oder eine nukleare Kettenreaktion fand statt. Die Bruchstücke des geborstenen oder explodierten Planeten rasten durch unser Sonnensystem, schlugen auf anderen Planeten und ihren Monden auf und hinterließen unzählige Krater. Größere Brocken gerieten in das Gravitationsfeld von Mars, Jupiter, Saturn und Neptun und wurden zu deren Monden.
Sollte sich eines Tages tatsächlich herausstellen, daß der Asteroidengürtel aus dem zerstörten Phaethon entstanden ist, müßte dieser Planet ein solider Himmelskörper wie die Erde und Mars gewesen sein.
Die Frage, ob es einen indirekten Zusammenhang zwischen Phaethon und Mars gegeben haben könnte, ist für die beiden sowjetrussischen Wissenschaftler Krinow und Sawitski durch die beiden Marsmonde Phobos und Deimos beantwortet. Sie enthalten für die

beiden Russen einen besonderen Hinweis auf die ehemalige Existenz des Planeten. Denn Phobos ist zum Beispiel nicht rund, sondern hat die Form einer länglichen Kartoffel (27 km × 19 km). Warum? Und aus welchem Grund umkreist dieser Mond seinen Planeten in nur 7 Stunden und 39 Minuten; also in einer als unnatürlich geltenden Geschwindigkeit, die normalerweise nur von künstlichen Erdsatelliten erreicht wird?

Einige Astronomen haben bereits vermutet, daß Deimos (16 km × 10 km), der äußere Marsmond, aufgrund seiner geringen Eigenmasse hohl sein könnte. Abenteuerliche Spekulationen gehen sogar soweit, eine hochentwickelte Zivilisation des Sonnensystems zu unterstellen, die hier einst Rohstoffe abgebaut und diesen Mond gewissermaßen als »Bergwerk« benutzt haben könnte.

Ihrem Aufbau und Aussehen nach könnten Phobos und Deimos durchaus eingefangene Phaethonfragmente sein.

Stellen wir uns doch einmal vor, daß Phaethon tatsächlich existierte, eine viel ältere Biosphäre als die der Erde besaß, bedeutend kleiner war als der leuchtende Jupiter und weit größer als Mars. Etwa in der Mitte zwischen Jupiter und Mars plaziert zog er seine Bahnen um die Sonne. Er war etwa 350 bis 400 Millionen Kilometer von der Sonne entfernt und lag somit am Rand der lebensfreundlichen Ökosphäre. Wenn wir nun voraussetzen, daß seine Evolution ähnlich wie die der Erde verlaufen ist, könnten auf Phaethon Wesen gelebt haben, deren Entwicklung der unserer Ur-

väter auf der Erde um Jahrtausende, wenn nicht Jahrmillionen voraus war. Sie hätten also bereits die Atomspaltung, die Kernfusion, die Lasertechnik und auch die Raumfahrt beherrscht und Raumfahrtkommandos auf Expeditionen zu anderen Planeten geschickt, vor allem zum Mars und zur Erde.
Nach Vermutungen der sowjetrussischen Wissenschaftler Kowal und Senkawitsch ging Phaethon vor etwa 175 Millionen Jahren zu Bruch. Durch Kollisionen einiger seiner Fragmente wurde der Trümmerhaufen noch größer, und daraus soll auch einer der Saturnringe entstanden sein.
Einer anderen Theorie zufolge wurden zwei besonders große, in Flammen stehende Bruchstücke vom Katastrophenort wegkatapultiert. Aus dem einen wurde der kleine, ungewöhnliche Planet Pluto, den der amerikanische Astronom Clyde W. Tombaugh erst am 30. März 1930 entdeckte. Das andere Bruchstück schwenkte in eine sonnennahe Umlaufbahn ein und ist heute der Planet Venus. In der Tat weisen sowohl Pluto als auch Venus ausgefallene Verhaltensmuster und Eigenschaften auf, die nicht ins Bild der übrigen Planeten unseres Sonnensystems passen.

So ist der Bahnverlauf von Pluto wesentlich exzentrischer als der irgendeines anderen Planeten. Denn wenn Pluto den sonnenfernsten Punkt seiner Bahn erreicht hat, ist er 7,4 Milliarden Kilometer von der Sonne entfernt. Dagegen beträgt die Entfernung vom sonnennächsten Punkt nur noch 4,4 Milliarden Kilometer. Dann ist er der Sonne sogar noch um 160 Millionen Kilometer näher als Neptun.

Pluto braucht für einen Sonnenumlauf 247,7 Erdenjahre. Innerhalb jeder dieser Umlaufperioden ist er der Sonne jedoch für einen Zeitraum von zwanzig Jahren näher als Neptun, der in dieser Phase des Pluto die Rolle des sonnenfernsten Planeten übernimmt. Übrigens fällt eine dieser Perioden mit den letzten zwanzig Jahren unseres Jahrhunderts zusammen.

Am verwirrendsten an Pluto ist seine unerwartet geringe Helligkeit, da sie andeutet, daß dieser Planet *nicht* zur Gruppe der Gasriesen gehört. Wäre er auch nur annähernd so groß wie Neptun oder Uranus, müßte er heller leuchten. Anfängliche Schätzungen reihten Pluto in die ungefähre Größenordnung der Erde ein. Aber als es Kuiper 1950 erstmals gelang, Pluto in Form einer winzigen leuchtenden Scheibe abzubilden, stellte sich ein ganz anderes Ergebnis heraus. Kuiper schloß nämlich vom Meßwert, den er für den scheinbaren Durchmesser dieser Scheibe ermittelt hatte, auf einen realen Durchmesser des Planeten von höchstens 5800 Kilometern. Dieser Schätzwert wurde von vielen Astronomen mit Skepsis aufgenommen. Doch am 28. April 1965 stellte Pluto sozusagen »höchstpersönlich« unter Beweis, daß sich Kuiper nicht geirrt hatte. Denn Pluto zog auf seiner Bahn an einem Stern vorbei, ohne ihn zu verdecken, das heißt, wäre Pluto größer, hätte er den Stern beim Vorbeiwandern verdunkeln müssen.

Bereits 1955 hatte sich herausgestellt, daß die Helligkeit des Planeten periodisch schwankt, und zwar alle 6,4 Tage. Daraus wurde zunächst gefolgert, daß sich Pluto in einer ungewöhnlich langen Rotationsperiode

von 6,4 Tagen einmal um die eigene Achse dreht. Was konnte die Ursache dafür sein?
Des Rätsels Lösung schien in einer Entdeckung zu liegen, die im Juni 1978 gemacht wurde. An diesem Tag studierte der amerikanische Astronom James W. Christy Fotografien von Pluto und stieß dabei an einer Seite des Planeten auf eine »Beule«. Nach sorgfältigem Vergleich mit anderen Aufnahmen war sich Christy sicher, daß Pluto einen Mond mit sich führt, der kaum weiter als zwanzigtausend Kilometer von ihm entfernt ist (Mitte zu Mitte gerechnet). Christy nannte diesen dunklen Begleiter des Pluto Charon, in Anlehnung an den Fährmann, der die Schatten der Toten über den Fluß Styx ins Reich der Toten – in Plutos Reich – befördert.
Charon kreist in 6,4 Tagen um seinen Planeten, die gleiche Zeit braucht Pluto für eine Achsenumdrehung. Die Gesamtmasse von Pluto und Charon beträgt nur etwa ein Achtel der Masse unseres Mondes. Pluto ist also weitaus kleiner, als angenommen wurde. Sein Durchmesser dürfte bei etwa 2980 Kilometern liegen. Und damit ist er als Planet sogar kleiner als der kleinste unter den Großmonden unseres Sonnensystems »Europa«. Charons Durchmesser beträgt etwa 1200 Kilometer, und das entspricht etwa der Größe des Saturnmondes Dione.
Der kleine, massive Pluto paßt also nicht so recht in die Gruppe der äußeren, riesigen Gasplaneten unseres Sonnensystems. Er ist ein Außenseiter und könnte, zusammen mit seinem Mond Charon, Bruchstücke von Phaethon verkörpern.

Auch der Planet Venus ist ein Sonderling, denn er braucht 243,9 Erdentage, um sich um die eigene Achse zu drehen. Und damit ist ein Venustag länger als das Venusjahr mit seinen 224,7 Tagen. In einer weiteren Extravaganz dreht sich Venus auch noch in die »falsche« Richtung, denn im Gegensatz zu den anderen Planeten, die gegen den Uhrzeiger laufen, rotiert sie im Uhrzeigersinn um die eigene Achse. Für diese »Rückwärtsdrehung« gibt es bisher noch keine überzeugende Erklärung.
Bisher ist natürlich nicht erwiesen, daß Pluto und Venus in ihren Bahnen um die Sonne sozusagen als »Neuankömmlinge« zu betrachten sind – als Fremdkörper, die einmal Teil von Phaethon waren. Aber es kann auch nicht ausgeschlossen werden. Eines ist jedoch sicher: Unser Sonnensystem, das heißt die Planeten und ihre Monde, müssen schon schlimme Zeiten erlebt haben, denn zu viele Kraternarben zeugen von den Wunden, die ihnen zugefügt wurden. Als Nachbarplanet des noch hypothetischen Phaethon wäre Mars besonders in Mitleidenschaft gezogen worden, wenn eine Katastrophe Phaethon auseinandergesprengt hätte. Und in der Tat weist Mars einige extreme Narben auf. So gibt es eine Anzahl von Riesenkratern, deren größter 25 Kilometer tief ist und einen Durchmesser von sechshundert (!) Kilometern hat.
Auch die Erde ist von Meteoriteneinschlägen gezeichnet. Für den riesigen Krater im Nördlinger Ries wurde beispielsweise ein Einschlagkörper von fünfhundert bis neunhundert Metern Durchmesser errechnet. Der zutreffende Wert wird von der Aufprallgeschwindigkeit des Meteoriten abgeleitet, das heißt, seine Größe

entspricht der Geschwindigkeit, mit der er aufprallt, ob mit zwanzig Kilometern pro Sekunde, dreißig, vierzig und so fort.
Bedingt durch die Geschwindigkeit und Masse von etwa vier Milliarden Tonnen wurden beim Aufprall in einer Kettenreaktion ungeheure Energiemengen freigesetzt. Sie entsprachen der Sprengkraft von fünftausend Atombomben zu je 1 Megatonne (= 1 Million Tonnen). Der vor etwa fünfzehn Millionen Jahren im Nördlinger Ries niedergegangene, große Meteorit hinterließ jedenfalls eine Kraterschüssel von 20 bis 24 Kilometern Durchmesser.
Beim Einschlag entstanden Druckwellen, die zwischen 5 und 28 Millionen Atmosphären schwankten, und Temperaturen zwischen 14000 °C und 38000 °C. Damit verglichen erscheint die Oberflächentemperatur der Sonne mit 7000 °C direkt »kühl«.
Die dem Aufprall folgende Schockwelle zermalmte den felsigen Untergrund bis auf fünf Kilometer Tiefe. Und durch die »Höllenglut« verdampften etwa vier Kubikkilometer Gestein und der Meteorit. Dazu wurden neunzig Kubikkilometer Erdreich bis zu einer Höhe von zwanzig Kilometern hochgeschleudert. Würde sich heutzutage eine derartige Katastrophe ereignen, kämen die meisten Menschen im mitteleuropäischen Raum um.

Auf der Erde gibt es natürlich weitaus größere Meteoritenkrater als den im Nördlinger Ries. In der Nähe von Sudbury in Kanada gibt es einen mit einem Durchmesser von 140 Kilometern, und ein ähnlich großer befindet sich nahe Johannesburg in Südafrika.

Nach Berechnungen müssen die für diese Krater verantwortlichen Meteoriten ein Gewicht von zwei Billionen Tonnen gehabt haben.
Mit Sicherheit sind auch die Weltmeere nicht von Meteoriteneinschlägen verschont geblieben. So stießen 1979 zwei amerikanische Geologen, der Nobelpreisträger der Physik Luis W. Alvarez und sein Sohn Walter Alvarez, nahe der italienischen Stadt Gubbio im umbrischen Apennin in Tiefsee-Sedimenten zwischen der Oberen Kreide- und Altterziär-Zeit auf eine fossilfreie Tonschicht, die ungewöhlich viel Iridium enthielt. Es handelt sich hier um ein auf der Erde höchst selten vorkommendes Edelmetall. Nur in bestimmten Meteoriten ist eine höhere Konzentration an Iridium festgestellt worden.
Nach gründlicher Untersuchung der Tonschicht stellten die beiden Geologen die These auf, daß an der Fundstelle ein Asteroid von etwa zehn Kilometern Durchmesser niedergegangen sein mußte und aus dem Einschlagskrater ein Teil des zu Staub pulverisierten Materials bis zur Stratosphäre hochgeschleudert und von dort rund um die Erde verteilt wurde.
In der Tat wurden auch in Spanien, Dänemark, auf Neuseeland und in Tiefseebohrkernen iridiumhaltige Schichten nachgewiesen. Ein Einschlagskrater mit der erforderlichen Größe von etwa hundert Kilometern Durchmesser aus der Zeit vor 65 Millionen Jahren wurde bisher nicht gefunden. Wissenschaftler, die mit der Alvarez-Theorie konform gehen, vermuten daher einen Absturz ins Meer.
Nach dieser Theorie hätte eine dichte, durch den Einschlag produzierte Staubwolke die Erde eingehüllt

und eine drastische Abkühlung verursacht. Wie lange dieser Zustand anhielt, ist zwar unbekannt, aber aus einer Untersuchung geht hervor, daß über einen Zeitraum von zwanzigtausend Jahren nur sehr kleine Planktonarten existierten, die gegen Kälte unempfindlich waren. Erst danach scheint die Temperatur des Meeres langsam wieder gestiegen zu sein. Wärmeabhängige sowie größere Arten konnten sich neu entwickeln.

Als 1984 der Alvarez-Asteroid noch voll im Gespräch war, veröffentlichten die amerikanischen Geophysiker David Raup und John Sepkroski eine Analyse über das Schicksal von über fünfhundert Arten von Meeresorganismen in den vergangenen 250 Millionen Jahren. Diese Statistik weist nach, daß in einem Turnus von jeweils etwa 26 Millionen Jahren innerhalb der zur Debatte stehenden Zeitspanne mindestens zehn bis zwanzig Prozent der untersuchten Arten immer wieder in Massen ausgestorben sind. Zweimal erfolgte sogar ein Aussterben von jeweils etwa fünfzig Prozent der Arten – das erste Mal etwa vor 240 Millionen Jahren, am Ende des Erdaltertums, danach vor 65 Millionen Jahren.

Wenn also ein Riesengeschoß aus dem Weltraum ins Meer stürzt oder auf Land aufschlägt, wird die Biosphäre, der Lebensraum, empfindlich gestört und braucht relativ lange, um sich zu erholen und wieder ins Gleichgewicht zu kommen.

Die amerikanischen Wissenschaftler Eric Kraus, Cesare Emiliani und Eugene Shoemaker haben durchkalkuliert, was passieren würde, wenn ein Riesenmeteorit von zwei Billionen Tonnen Gewicht mit einer Geschwindigkeit von zwanzig Kilometern pro Sekunde durch die irdische Atmosphäre ins Meer abstürzt: Im Umkreis von einigen hundert Kilometern wird die Luft verdrängt. Außerhalb des entstandenen Vakuums kommt es durch die zusammengeballten Luftströmungen zu gewaltigen, stundenlang anhaltenden Stürmen, deren Auswirkungen noch in einer Entfernung von tausend Kilometern Bäume entwurzeln können. Der herabrasende Meteorit schlägt ein »Loch« von über 140 Kilometer Durchmesser in die Meeresoberfläche, das bis auf 35 Kilometer Tiefe, also bis in den Erdmantel, trichterförmig vordringt. Durch die Verdrängung türmen sich die Wassermassen zu gewaltigen Wellengebirgen auf, breiten sich Tausende von Kilometern aus und begraben weite Teile der anliegenden Küstenländer unter Flutwellen, die einige hundert Meter hoch sind. Durch die Wucht des Einschlags wird eine mit Erde und Gesteinstrümmern vermischte, dampfende Wasserfontäne von zehn Billionen Tonnen in die Atmosphäre katapultiert, die sich von dort über den ganzen Erdball ausbreitet. Sie fällt dann in Form sintflutartiger Regengüsse oder in kalten Zonen als Schnee wieder auf die Erde herunter. Kurzfristig behindert die in der Atmosphäre lagernde Staubschicht die Sonneneinstrahlung und verursacht so ein Absinken der Temperatur um 1 °C. Hat der Regen die Atmosphäre erst einmal gereinigt, wird es wieder wärmer. In der hohen Atmosphäre hindert jedoch eine geschlossene Wolkenschicht und Wasserdampf die eindringende Sonnenstrahlung daran, zu entweichen. Dieser sogenannte Treibhauseffekt ver-

ursacht einen Temperaturanstieg, der auf der Erde etwa 10 °C ausmacht. Diese Phase hält so lange an – Monate oder auch ein paar Jahre –, bis der Atmosphäre das überschüssige Wasser und der Dampf durch Niederschläge entzogen ist.
Nach Ansicht der amerikanischen Wissenschaftler Kraus, Emiliani und Shoemaker wurde die Erde in ihrer jüngeren Vergangenheit wenigstens einmal von einer solchen Katastrophe heimgesucht, nämlich vor 65 Millionen Jahren. Ihrer Meinung nach sind die Dinosaurier infolge des Temperaturanstiegs nach der Katastrophe ausgestorben, da Reptilien hitzeempfindlicher sind als Säugetiere. So würde bereits eine um 2 °C höhere Durchschnittstemperatur eine amerikanische Wüstenechse töten, die als hitzeunempfindlichstes Reptil gilt.
Nach dieser Schilderung ist es überflüssig, die Phantasie mit der Vorstellung zu strapazieren, was passieren könnte, wenn ein noch größerer Meteorit – ein Planetoid oder gar mehrere gleichzeitig – einen Planeten bombardieren würden. Auf einem Planeten mit einer Biosphäre und den verschiedensten Lebensformen wäre alles Leben und auch die Ökologie dem Untergang geweiht, weil sich die Atmosphäre des Planeten durch die Auswirkungen der Katastrophe drastisch verändern würde.

Und nun möchte ich es der Aufgeschlossenheit des Lesers überlassen, das folgende hypothetische Szenario im Geist nachzuvollziehen: Vor Urzeiten existierten in unserem Sonnensystem einmal drei Planeten, auf denen intelligentes Leben zu Hause war – Phaethon, Mars und Erde. Auf Phaethon lebte eine uralte Hochkultur mit weit fortgeschrittenen wissenschaftlichen und technologischen Erkenntnissen. Sie beherrschte die Raumfahrt und besuchte hin und wieder ihre nächsten Nachbarn, Mars und Erde.

Zu jener Zeit war auch der Mars noch ein lebensfreundlicher Planet. Auch dort lebte eine humanoide Zivilisation. Vielleicht waren es Marsianer, möglicherweise aber auch Phaethonianer, die den Mars kolonisiert hatten. Wer will das so genau wissen?

Und dann ereignete sich eine entsetzliche Katastrophe. Phaethon zerbarst in einem Flammenmeer. Auf dem Mars wurde der grauenhafte Untergang von Phaethon mit starrem Entsetzen beobachtet. Die Nachbarwelt war ausgelöscht. Doch die Katastrophe war nicht vorüber. Denn auf dem Mars häuften sich von nun an die Meteoriteneinschläge und hatten drastische klimatische Veränderungen im Gefolge. Auf Mars wurde es immer unwirtlicher. Nun wurde beschlossen, wenigstens einige der Marsbewohner umzusiedeln. Für alle reichten die Raumschiffe nicht. Eine kleine Gruppe wurde zur Erde geschickt, um eine Kolonie zu gründen und wenigstens der Art eine Überlebenschance zu bieten. Die humanoiden Lebewesen auf der Erde befanden sich zu jener Zeit noch in einem Primitivstadium ihrer Entwicklung.

Auf Mars beschlossen die Zurückgebliebenen, als Zeugnis ihrer untergehenden Existenz markante, zeitüberdauernde steinerne Strukturen zu errichten. Überdimensionale steinerne Köpfe und Pyramiden in den verschiedensten geographischen Gebieten, in der Hoffnung, daß nicht alle zerstört und eines fernen

Tages als »Denkmäler an ein verlorenes Paradies« entdeckt würden.
Immer heftigere Meteoriteneinschläge lösten Marsbeben aus, tektonische Verschiebungen und gewaltige Vulkanausbrüche folgten.
Die ungeheuren, um den Planeten tobenden Hitzewellen hatten den Sauerstoff »aufgefressen«, bis am Ende eine dünne Kohlendioxidatmosphäre übrigblieb. Durch die grauenhaft hohen Temperaturen waren die reichhaltigen Wasservorkommen verdampft und schlugen schließlich als Eis an den Polkappen nieder. Bis auf Mikroorganismen war alles Leben auf Mars ausgelöscht.
Ein Märchen? Ich glaube nicht. Zu viele Mythen, Legenden und Überlieferungen berichten von einer Zeit der Katastrophen in unserem Sonnensystem und von Ankömmlingen – Göttern –, die vom Himmel zur Erde kamen.
Als ich mich zum erstenmal mit dem hypothetischen Planeten Phaethon befaßte, kam mir der alte Regenmacher im australischen Busch wieder in den Sinn. Und ich erinnerte mich an die prähistorische Zeichnung an der Höhlenwand westlich des Kimberley-Hochlandes, wo ich die Darstellung unseres Sonnensystems mit dem als grünen Ring eingezeichneten fünften Planeten gesehen hatte. Sollte dieser grüne Ring etwa auf den einst mit Leben erfüllten grünen Planeten Phaethon hinweisen?

12

... und Adam kam vom Mars

Die Ankömmlinge von Mars, die »Götter von oben« waren – um das Szenario fortzusetzen – auf der Erde die Begründer einer Hochkultur. War es das sagenumwobene Atlantis?

»Bei zahllosen Generationen hat das Wort Atlantis Geister in den Herzen der Menschen wachgerufen. Priester betrauerten, daß die Weisheit zur Verruchtheit degenerierte, Philosophen haben über seine göttlichen Könige moralisiert und Poeten seine fabelumwobene Vollkommenheit gepriesen. Alle Tugenden, alle Erkenntnisse, aller Glanz einer brillianten Zivilisation auf der noch jungen Erde wurde wie ein Traum aus der Erinnerung gelöscht. So ein Goldenes Zeitalter, das, wonach sich der Mensch insgeheim sehnt, scheint mehr zu sein als eine Illusion. Starkes Verlangen verwandelt das Spiegelbild zur Wirklichkeit.

Wir seufzen über das im Sand verlorengegangene alte Ägypten, über die von Schlamm und Lehm begrabene Größe Babylons, über das in Ruinen liegende glorreiche alte Griechenland. Alle sind stumme Zeugen der vergänglichen Triumphe des Menschen.

Atlantis? Seine Türme, Tempel, Paläste – seine unzähligen Männer und Frauen, die für Jahrtausende in den weitläufigen Hallen wandelten – sie alle sind wie Geister verschwunden ... Sehen auch wir unsere Zivi-

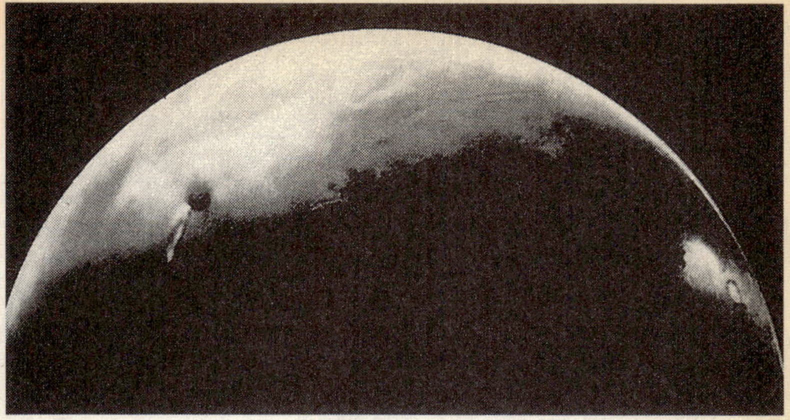

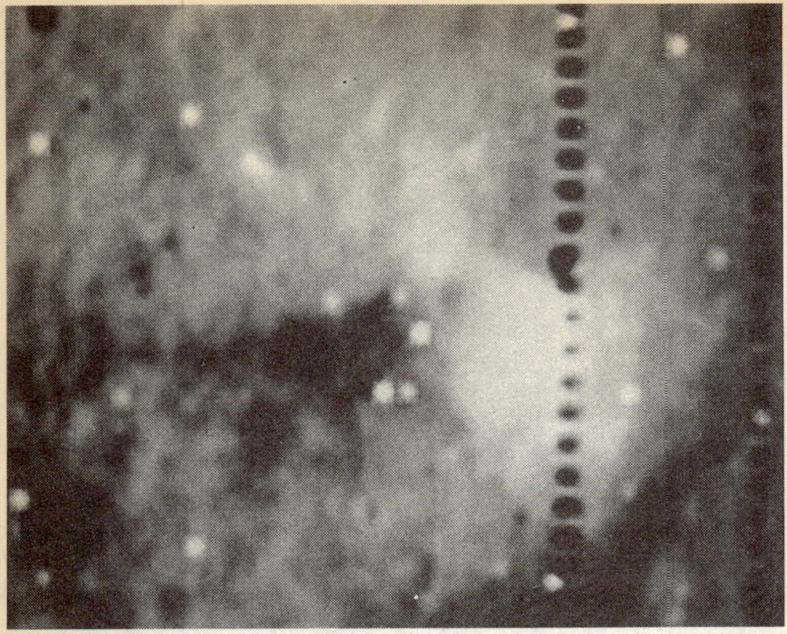

Bilder vorhergehende Seite: Viking I-Fernaufnahme vom Mars, am 19. Juni 1976 photographiert. Hier ist der riesige Mars-Vulkan Olympus Mons deutlich zu erkennen.
Photo: NASA

Schürffurchen im Marsboden der Chryse Region, vom Viking I-Lander aufgenommen.
Photo: NASA

Deutlich sichtbare Schürfspur im Marsboden. In der Suche nach Marsleben förderten die Bodenproben nur Widersprüche zu Tage.
Photo: NASA

Bild oben:
Geysir auf dem roten Wüstenplaneten? Dieses von DiPietro und Molenaar analysierte Viking-Photo zeigt entweder eine Wasser- oder Wasserdampffontäne.
Photo: NASA

Bild unten:
Marslandschaft in der Chryse Region, dem Landeplatz von Viking I.
Photo: NASA

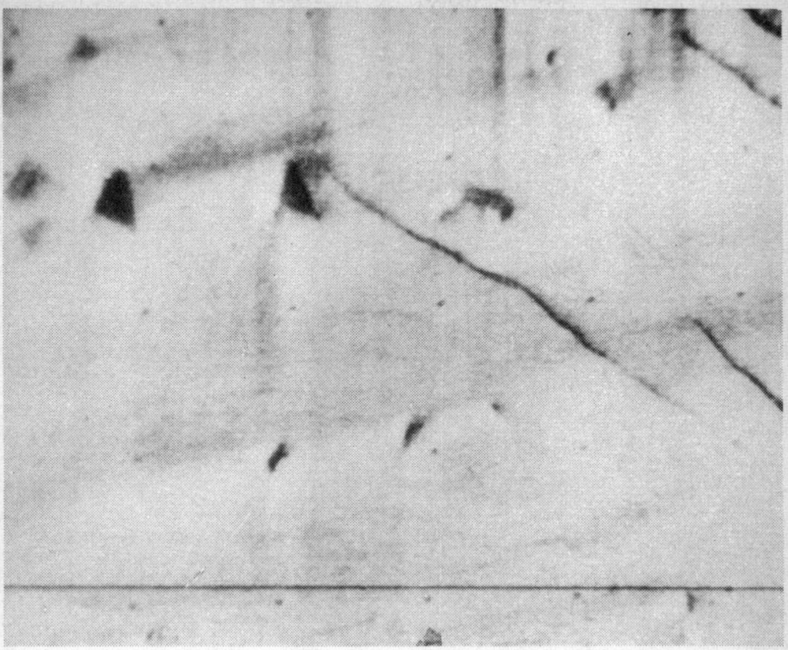

Mars-Pyramiden. Sind sie einer Laune der Natur zu verdanken oder wurden sie künstlich errichtet? Aufgenommen von der Sonde Mariner 9.

Photo: NASA

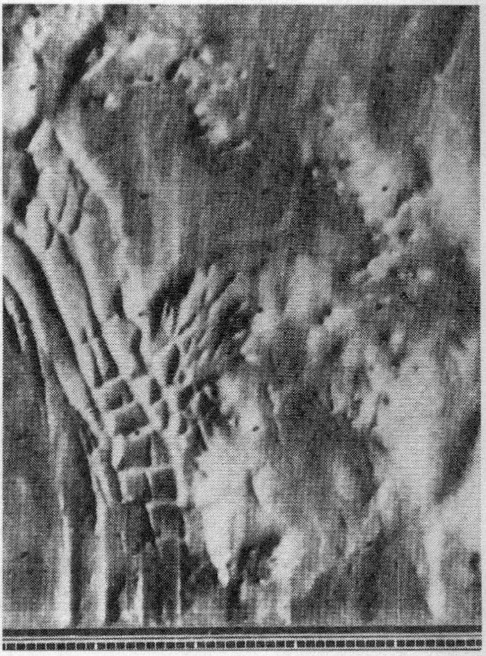

In der Nähe des Marssüdpols gelegene, mysteriöse rechteckige und quadratische Strukturen, die wie Mauerfundamente anmuten; von der NASA »Inkastadt« getauft.

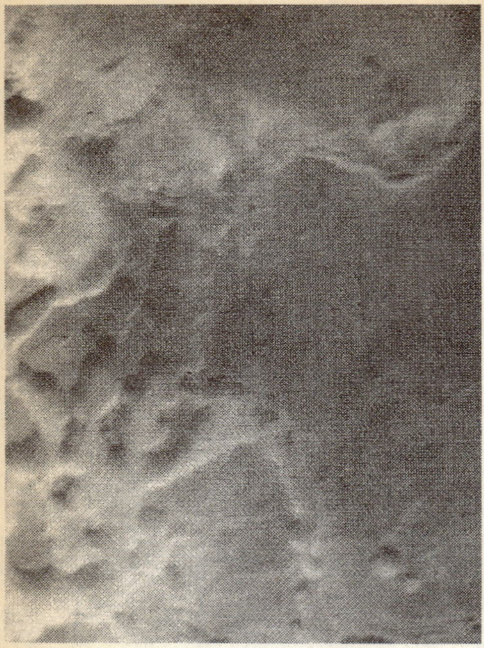

Viking-Orbiteraufnahme eines dunstigen, frostigen Morgens auf dem Mars.

Photo: NASA

Aufnahme des Viking II-Landers in der Utopia-Region. Die abgesprengte Schutzhülle des Schürfarms liegt auf dem Marsboden.

Photo: NASA

lisation im Spiegel der Zukunft verschwinden, in Vergessenheit geraten?
In Tausenden von Büchern wird nachgewiesen, daß es Atlantis gab; ebenso viele bestreiten seine Existenz«, sagt der englische Schriftsteller W. Raymond Drake über Atlantis. Seit der griechische Philosoph Plato (427–347 v. Chr.) die Erinnerungen seines Vorfahren Solon (640–560 v. Chr.) an Atlantis in den »Kritias und Timaios«-Dialogen verarbeitete, ist Atlantis in der Phantasie der Menschen lebendig geblieben. Das Für und Wider um Atlantis hält seit 2400 Jahren an. Sobald in einer Diskussion über die Vorgeschichte der Name Atlantis fällt, werden umgehend Befürworter und Gegner auf den Plan gerufen. Die einen behaupten, es handele sich um eine Sage oder »Ente«, während die anderen mit Atlantis sofort vergangene Größe verbinden, ein verlorengegangenes irdisches Paradies; einen Kontinent, der mit seinen goldenen Städten in einer Naturkatastrophe im Meer versank, während die wenigen Überlebenden sich auf Schiffen in andere Teile der Welt retteten, um dort eine Kultur zu bewahren, aus der unsere eigene entstand.

Eigenen Aussagen zufolge stützt sich Plato auf schriftliche Aufzeichnungen über Atlantis, die ägyptische Priester von Saïs geheimgehalten und an Tempelsäulen gemalt hatten. Solon, dem Gesetzgeber von Athen und Ahnherrn des Plato, wurden diese Aufzeichnungen von den Priestern erläutert.
In seinen Dialogen beschreibt Plato die mit Metallen überzogenen Gebäude von Atlantis, die Kommunika-

tionsmöglichkeiten, die Atlantiden und ihre Bräuche, Topographie und Entfernungen.

Und so schreibt Plato: »... Sie besaßen so viele Reichtümer wie nie zuvor Könige oder Potentaten und wie es sie wohl auch nie wieder geben wird. Und in Stadt und Land waren sie mit allem ausgestattet, was es gab. Da ihr Reich so groß war, erhielten sie viele Dinge aus fremden Ländern und das Inselreich selbst lieferte ihnen eine Menge von dem, was zum täglichen Leben benötigt wurde...

Sie gruben aus der Erde, was dort zu finden war, Mineralien und Metalle, und auch das, was heute nur noch ein Name ist, zu ihren Zeiten aber mehr war als eine Bezeichnung – Orichalcum (eine Art Messinglegierung). In vielen Teilen der Insel wurde es aus dem Boden gegraben. Gold ausgenommen, betrachteten es die Menschen jener Zeit als wertvollstes Metall.«

Nach Platos Schilderung des Klimas und des Nahrungsangebots muß Atlantis ein irdisches Paradies ohne Plackerei gewesen sein. Seine Beschreibung der Gebäude lautet: »... Die gesamten Ringmauern waren mit Messing verkleidet, und die Zitadelle reflektierte das rotschimmernde Orichalcum. Die Tempel hatten einen silbrigen Metallüberzug...«

Atlantis war ein Inselkontinent, so groß wie Kleinasien und Lybien zusammen und lag »... hinter den Säulen des Herakles...« (also hinter Gibraltar im Atlantischen Ozean).

Esoterischen Überlieferungen zufolge »reisten die Atlantiden durch die Luft und Untersee«. Sie konnten Objekte aus großer Entfernung fotografieren, nutzten Röntgenstrahlen, kannten Videoverfahren und entnahmen Kristallen laserähnliche Energie, bis Atlantis vor etwa zehntausend Jahren in einer Katastrophe unterging, die große Teile der Erde in Mitleidenschaft zog.

Als Otto H. Muck die geologischen, klimatischen, meteorologischen und geographischen Gegebenheiten der Vergangenheit systematisch durchforschte, stieß er auf ein zusätzlich astronomisch fundiertes Datum, an dem sich eine Weltkatastrophe und damit der Untergang von Atlantis vollzogen haben könnte. Muck vermutet die Lage von Atlantis im Gebiet des mittelatlantischen Rückens, also bei den Azoren. Seinen Berechnungen nach ereignete sich die Katastrophe im 9. Jahrtausend vor Christus, und zwar am 5. Juni 8498 v. Chr.
Wissenschaftlichen Beobachtungen und Forschungsergebnissen zufolge bildete die kosmische Konstellation in unserem Sonnensystem an diesem Tag eine Dreifachkonjunktion: Sonne, Venus, Erde und Mond waren in einer Linie ausgerichtet. Durch diese Schwerkraftzusammenballung – so wird vermutet – wurde ein sogenannter Apollo-Asteroid zur Erde gelenkt und schlug ein. (Apollo-Asteroiden sind »Irrläufer«, die immer wieder einmal die Erdbahn kreuzen.)
Da in diesen Zeitraum eine Veränderung der Erdachse um 25 Grad fällt, wird sie heute mit einem Asteroideneinschlag und einer weltweiten Katastrophe in Verbindung gebracht. Und nachdem Plato den Untergang von Atlantis auf 8500 v. Chr. datiert, »... als die Sonne ihre Bahn verließ...« dürfte Mucks These der Wahrheit am nächsten kommen. Er ist der Überzeugung,

daß durch diese Katastrophe der rätselhafte Kulturrückschlag zu erklären ist, der zu jener Zeit einsetzte.

Selbst der Meeresboden weist auf gewaltsame Veränderungen hin. So stießen kanadische Wissenschaftler bei Tiefseebohrungen auf Gesteinsschichten, die ursprünglich nur an Land entstanden sein können. Das Ergebnis einer sowjetischen Expedition bestand aus in zweitausend Metern Tiefe geborgenen, vor etwa 17 000 Jahren unter atmosphärischem Druck – also auf der Erdoberfläche – entstandenen Felsbrocken. Ein schwedischer Forscher machte bereits 1956 eine besonders interessante Entdeckung: Es gelang ihm, aus 3700 Metern Tiefe am Atlantischen Rücken die Überreste von Kieselalgen zu identifizieren, die vor zehn- bis zwölftausend Jahren in Süßwasserseen beheimatet gewesen sein mußten.

Nicht nur im Atlantik, sondern auch in anderen Regionen der Erde gibt es Hinweise auf drastische klimatische Veränderungen vor etwa zehntausend Jahren. 1976 entdeckte zum Beispiel eine italienische Polarexpedition in der Antarktis einen versteinerten Wald. Und in den bolivianischen Anden zeugt die Fundstätte eines riesigen Elefantenfriedhofs für gewaltige Verschiebungen der Erdkruste.

Nicht zuletzt sind den Überlieferungen vieler Völker Bahnverschiebungen der Erde zu entnehmen. So gibt es in der Grabstätte des ägyptischen Wesirs Semut eine Himmelskarte, deren Sternenkonstellationen mit den von uns heute am Himmel beobachteten nicht übereinstimmen. Indische Überlieferungen sprechen von einer Verlagerung der Erde von ihrem

»gewohnten Platz« um hundert »yojanas«, das entspricht etwa 800 bis 1400 Kilometern.
Es wird berichtet, daß sich die Pole verlagerten, als die Erde durch die Katastrophe kippte. Die Himmelsrichtungen veränderten sich und damit die Jahreszeiten. Kalender, Himmelskarten, Sonnen- und Wasseruhren stimmten nicht mehr. Auf der taumelnden Erde kam es zu apokalyptischen Katastrophen; zu Erdbeben, Vulkanausbrüchen, Feuersbrünsten und Sintfluten. »... die Gewässer standen fünfzehn Ellen hoch über den Berggipfeln«, heißt es im Buch Moses. Kontinente versanken in diesem Inferno, und andere stiegen auf aus den Meeren.
Einer uralten Überlieferung nach entstammt das Volk der Hopi-Indianer Nordamerikas einem mitten im Pazifischen Ozean gelegenen Kontinent, der Kasskara hieß. Zu jener Zeit waren große Teile Südamerikas noch vom Wasser bedeckt, erzählen die Hopi. Doch in einer anderen Region der Erde, einem Land im Atlantischen Ozean, hätten damals Menschen gelebt, die sich in die Lüfte erheben und andere Planeten besuchen konnten. Aber das riesige Inselreich Atlantis sei durch eine Katastrophe sehr schnell vom Meer verschlungen worden. Kasskara hingegen ging langsam unter. So hätte sich wenigstens ein Teil seiner Bewohner über eine Inselkette auf den gerade aus dem Meer aufsteigenden südamerikanischen Kontinent retten können.
Neueren geologischen Untersuchungen zufolge ist der südamerikanische Kontinent erst in jüngerer Zeit der Erdgeschichte aus dem Pazifischen Ozean aufgestiegen. Und in nicht allzu ferner Vergangenheit war der

heute fast viertausend Meter über dem Meeresspiegel liegende Titicacasee noch eine Lagune.

In ihrem Buch »Spuren unserer dunklen Brüder?« schreibt Dr. Irene Sänger-Bredt über die Nachweisbarkeit vorgeschichtlicher Raumfahrt in Mythen und Märchen: »Nur wer die typischen Denkformen der alten Völker erfaßt hat, kann es wagen, Schlüsse aus den interessantesten Quellen zu ziehen, die der Vorgeschichtsforschung zur Verfügung stehen, aus den vieltausendjährigen Zeichnungen, Schöpfungsmythen, Sagen und Märchen. Dabei wird er nicht nur eine Menge überraschender *Neuigkeiten* aus seiner eigenen Vergangenheit erfahren, sondern auch mit zunehmender Bescheidenheit erkennen müssen, daß vergangene Kenntnisse und Fähigkeiten nicht immer geringer waren als die heutigen, daß sie oft zu unserem Schaden *vergessen* wurden und daß es manchmal lohnt, sie zurückzuerobern!

Märchen und Mythen! Die Grenzen zwischen beiden Arten mündlicher Überlieferung sind fließend. Sie unterscheiden sich manchmal nur dadurch, daß die im Märchen angesprochenen Themen einen geringeren Rang als die Mythen zu haben scheinen, da sie ohne Bezug auf *Götter* und *Ursprung* mehr der kleinen zufälligen Umwelt des Alltags entnommen sind. Beide Arten stellen eine Mischung von primitiver Geschichtsschreibung und Naturbeschreibung dar aus einer Zeit, in der es noch keine scharfe Trennung zwischen analytischem Verstand, Intuition und Gefühlsleben gab. Sie sind also keinesfalls durchwegs nur erfundene *Lügengeschichten*, wie man allgemein gern annimmt. Gleichzeitig verkörpern Märchen das

Wunschdenken ihrer Schöpfer. Sie weisen also neben dem vorgeschichtlichen Aspekt noch einen psychologischen Aspekt auf, der ebenfalls Kunde über den Ursprung der Menschheit geben könnte.«

Greifen wir die Hypothese noch einmal auf, daß Mars ein lebensfreundlicher, von einer humanoiden Art bewohnter Planet war. Er wurde von Trümmern des geborstenen Phaethon so gravierend getroffen, daß alles Leben dem Untergang geweiht war. Einer kleinen Gruppe gelang die Flucht zur Erde und dort die Gründung einer Hochkultur – vielleicht Atlantis. Dieses Reich könnte Millionenjahre existiert haben, bis zu dem Tag vor etwa zehntausend Jahren, an dem auch die Erde wieder einmal von einem Asteroiden getroffen wurde und taumelte, so daß Polsprünge die Folge waren. Atlantis ging unter. Nur einige Atlantiden, die sich nicht in ihrem Inselreich aufhielten, überlebten. Sie befanden sich auf dem amerikanischen Kontinent, im Mittleren Osten und im europäischen Raum. Sie sahen anders aus als die Ureinwohner der Erde zu jener Zeit. Sie waren groß, blond, bärtig und weißhäutig. Ihrer enormen Kenntnisse wegen gingen sie später in die Überlieferung als »Götter« ein.

Versuchen wir doch, uns einmal vorzustellen, was einem Physikprofessor unserer Tage bevorstehen würde, der – aus welchen Gründen auch immer – zu einem von der Außenwelt völlig abgeschlossenen Ureinwohnerstamm in Australien verschlagen wird. Entweder würde unser Professor aus Angst sofort umgebracht oder als Wunder bestaunt. Bestenfalls fände er sich als Ritzzeichnung in einem Stein oder als

»Gemälde« an einer Höhlenwand wieder. Auch die Beschreibung der Möglichkeiten seiner Welt durch Zeichensprache oder Hinweise auf Gegenstände, die er bei sich hat, würden die Ureinwohner wahrscheinlich nur teilweise verstehen, aber vielleicht in Symbolform neben sein »Konterfei« malen oder einritzen. Dem guten Professor würde es aber wohl kaum gelingen, die Lebensgewohnheiten dieses Stammes einschneidend zu ändern.
Nach zehntausend Jahren existieren (unseres Wissens) nur noch verschwindend wenige Anhaltspunkte über Atlantis und seine Zivilisation. Übriggeblieben sind Legenden und Mauerreste auf dem Meeresgrund. So entdeckten zum Beispiel der amerikanische Unterwasserforscher Dimitri Ribikoff und der Archäologe J.P. Manson Valentine vor der Küste der Bahama-Inseln Bimini und Andros versunkene Städte. Riesige behauene Steinblöcke fügen sich zu gigantischen Mauerresten zusammen, die sich über ein Gebiet von über hundert Quadratkilometern hinziehen. In der gleichen Region wurden auf dem Meeresboden mächtige Pyramiden gefunden. Die höchste Stelle dieser künstlich errichteten Monumente ragen bis zu sechs Metern unter der Wasseroberfläche auf.
Unterwasseraufnahmen und Messungen ergaben, daß nur der kleinere Teil dieser Ruinen *über* dem Meeresgrund liegt. Aus Spezialberechnungen und Schichtvergleichsstudien schließen die Wissenschaftler, daß diese gigantischen Strukturen mindestens fünfzehntausend Jahre alt sein müssen.
Sind es Überreste des sagenumwobenen Atlantis, Pyramiden und Mauern der Atlantiden? Und könnte der

Anstoß für den Pyramidenbau in aller Welt marsianisch-atlantidischen Ursprungs sein? War Atlantis oder gar der Mars das verlorengegangene Paradies, aus dem Adam vertrieben wurde?

Einer Auslegung zufolge soll Adam eine Abwandlung des hebräischen Wortes Adom sein und »Mann von der roten Erde« bedeuten. Kam Adam etwa vom Mars?

13

Sternstunden der Ewigkeit

Im Oktober 1984 trafen sich neunhundert Wissenschaftler aus den verschiedensten Ländern zum 35. Kongreß der International Astronautical Federation – IAF – in Lausanne am Genfer See. In fünf Arbeitstagen referierten Astronomen, Astrophysiker und Raumfahrtspezialisten über die verschiedensten Aspekte der Weltraumforschung. Eine der Arbeitsgruppen befaßte sich speziell mit der Suche nach außerirdischer Intelligenz (SETI).

Die Kommission 51, Search for Extraterrestrial Life (Suche nach außerirdischem Leben), war bereits 1982 gegründet worden. Ihr gehören 250 Wissenschaftler der verschiedensten Disziplinen an, von denen eine Reihe die Ansicht vertritt, daß Außerirdische unser Sonnensystem eigentlich schon aufgesucht haben müßten.

Wenn wir diese These aufgreifen, müssen wir die Möglichkeit in Erwägung ziehen, ob nicht etwa Astronauten aus einem anderen Sonnensystem für die Monumente auf dem Mars verantwortlich sein können und auch die Erde in prähistorischer Zeit aufgesucht haben?

Diese These wäre eine Alternative zur Theorie einer möglichen Mars- oder Phaethon-Zivilisation. Allerdings müßte dafür erst einmal der Nachweis erbracht werden, daß andere Planetensysteme für die Entwicklung von Leben geeignet sind.

Unsere Vorstellung vom Universum wurde durch die astronomischen Entdeckungen und Erkenntnisse der letzten zwei Jahrzehnte grundlegend verändert. Allein in der letzten Dekade konnte mehr Wissen über den Kosmos gespeichert werden als in den vergangenen Jahrhunderten.
Heute steht uns mit den technischen »Augen und Ohren« von Teleskopen, Raumsonden und Satelliten ein fast lückenloses Instrumentarium zur Erforschung des Universums zur Verfügung. Gerade die Spiegelteleskope sind leistungsfähiger als je zuvor. Sie können selbst das fahlste Licht von Sternen bündeln und auf hochempfindlichen Fotoplatten festhalten. Heute arbeiten Astronomen mit Radioteleskopen, deren Antennenschüsseln größer sind als ein Fußballplatz. Es ist sogar möglich, die Radioteleskope verschiedener Kontinente zusammenzuschalten. Dazu gehört der größte schwenkbare Spiegel der Welt in dem Eifeldörfchen Effelsberg und der nicht schwenkbare des Radioteleskops im puertorikanischen Arecibo. Die Leistungsverstärker der computergesteuerten Radioteleskope empfangen und messen Signale, die praktisch bis zur Geburtsstunde des Universums zurückreichen. Es gibt mit Spezialteleskopen ausgerüstete Satelliten, die auch jene Strahlung auffangen, die zu schwach ist, um die Erdatmosphäre zu durchdringen.
All diese technischen »Augen und Ohren« der neuen Astronomie sind an Computer angeschlossen, deren

Bildverarbeitungsgeräte kosmische Signale in verständliche Bilder umsetzen.
Im Gegensatz zur herkömmlichen Astronomie, die nur optische Strahlung messen konnte, also lediglich das von Sternen ausgestrahlte Licht, ist die moderne Astronomie in der Lage, die gesamte elektromagnetische Strahlung von Himmelskörpern zu erfassen.
Im breiten Spektrum der elektromagnetischen Strahlung ist Licht nur ein sehr kleiner Teilbereich, der uns aus den Tiefen des Kosmos erreicht. Mit den herkömmlichen Mitteln der Astronomie konnten weder die extrem kurzen Gammastrahlen registriert und gemessen werden noch Röntgenstrahlen; auch ultraviolette oder infrarote Strahlen sowie lange Radiowellen ließen sich nicht erfassen. Doch gerade diese Wellenbereiche sind für uns mittlerweile zu den wichtigsten Informationsquellen über Vorgänge im Universum geworden.
Die Erfassung der verschiedenen Strahlungsbereiche von Sternen gibt vor allem über die Entstehung, Zusammensetzung und Entwicklung der verschiedenen Sterntypen Aufschluß. Es geht daraus hervor, ob ein Stern möglicherweise Planeten mit sich führt, ob er über einen ausreichend langen Zeitraum eine Ökosphäre – eine lebensfördernde Zone – bieten kann, und wann und wie er eines Tages sein Dasein beenden wird.
Wie wir bereits wissen, entsteht ein Stern aus einer Gaswolke, die sich durch die Einwirkung von Schwerkraft zu einer sphärischen Masse verdichtet. Sobald sich ihr Zentrum genügend erhitzt hat, setzen Kernreaktionen ein, durch die Atomkerne verschmelzen. So

wird weitere Energie freigesetzt, die den Stern zum Leuchten bringt, aber auch so viel Gegendruck erzeugt, daß eine weitere Verdichtung aufgehalten wird. Ein solcher Fusionsprozeß hält allerdings nur so lange an, bis der Wasserstoffvorrat aufgebraucht ist und nur noch schwerere Elemente wie z.B. Eisen übrigbleiben – die »stellare Asche« des Sterns. Ist die Masse eines Sterns nicht zu groß, kann sich ein solcher Fusionsprozeß über viele Milliarden Jahre hinziehen. Seine Schwerkraft verbleibt währenddessen in einer Art Ruhezustand. Sobald jedoch der »Treibstoff« eines Sterns aufgebraucht ist, erleidet er – seiner Masse entsprechend – eine von drei möglichen Todesarten. Denn mit dem Ende seines Brennstoffvorrats erlischt auch der Widerstand gegen die eigene Schwerkraft. Einem weiteren Schrumpfprozeß, seiner zunehmenden Verdichtung steht nun nichts mehr im Wege.

Ein sterbender Stern von etwa der gleichen Masse wie unsere Sonne kann zum Weißen Zwerg werden. Während des Verdichtungsprozesses ist seine Schwerkraft so stark, daß sich die Atome im Zentrum nicht nur laufend weiter verdichten, sondern durch den Druck der Masse bis zu einem Punkt zerquetscht werden, wo sich die Elektronen schließlich gegenseitig berühren. Durch ihren Gegendruck bieten diese dicht gepackten Elektronen auch der Schwerkraft Widerstand.

So ein Weißer Zwerg hat im Zentrum eine Dichte von etwa tausend Tonnen pro Kubikzentimeter. Er ist heiß – weißglühend –, aber viel kleiner als zuvor. Über einen langen Zeitraum kühlt er ab, wird so zum Roten und schließlich zum Schwarzen Zwerg – einem kalten Klumpen, der grundsätzlich aus Eisen und anderen

schweren Metallen besteht. Wenn seine Masse auch der unserer Sonne entspricht, ist er doch nicht größer als die Erde.
Mit der Frage, was dagegen aus einem Stern wird, dessen Masse größer ist als die der Sonne, beschäftigte sich der indische Astronom Subrahmanyan Chandrasekhar. 1931 konnte er nachweisen, daß es eine solche kritische Masse geben muß. Denn Sterne, deren Masse über dieser sogenannten Chandrasekhar-Grenze liegt, kollabieren unaufhaltsam weiter, da nicht einmal der Widerstand der Elektronen im Weißen-Zwerg-Stadium dem Druck der Masse gewachsen ist. Das verdichtete »Überbleibsel« eines solchen Sterns kollabiert also über dieses Stadium hinaus einfach weiter.
Nach Chandrasekhar liegt die Grenze der kritischen Masse solcher Sterne bei der 1,4fachen Sonnenmasse. Sobald diese Grenze überschritten ist, bewirkt die Schwerkraft eine weitere Verdichtung. Ein rotierender Weißer Zwerg könnte diese kritische Grenze zwar durch die dem Druck der Schwerkraft entgegenwirkende Fliehkraft etwas nach oben verlagern, aber anscheinend rotieren nur wenige Weiße Zwerge schnell genug, um auf diese Weise eine nennenswerte Veränderung der kritischen Grenze zu erreichen.
Was passiert, wenn ein großer Stern kollabiert, wurde erstmals durch die Analyse einer Supernova deutlich. Im Jahr 1885 hatten Astronomen im Andromeda-Nebel das außergewöhnliche Aufleuchten eines Sterns beobachtet, dessen strahlende Helle 25 Tage lang anhielt und das Licht von zehn Millionen Sonnen übertraf. Dann ließ seine Leuchtkraft langsam nach, er

verblaßte zunehmend, bis er schließlich so dunkel war, daß ihn nicht einmal mehr die stärksten Teleskope der damaligen Zeit erfassen konnten.
Schon 1572 hatten Astronomen einen ähnlichen aufstrahlenden Stern in der Milchstraße beobachtet – die Supernova von Tycho Brahe. Damals glaubte man noch, ein neuer Stern – eine Nova – würde auf diese Weise geboren.
Nach dem deutschamerikanischen Astronomen Walter Baade und dem Schweizer Fritz Zwicky ist eine Supernova Teil eines sehr massereichen Sterns, dessen Verdichtungsprozeß so katastrophale Formen annimmt, daß sich dabei große Mengen seiner Materie in Energie umwandeln. Baade vermutete darüber hinaus, der noch verbliebene Rest des Sterns werde durch die Explosion derartig komprimiert, daß er nunmehr fast gänzlich aus dicht gepackten Neutronen bestehe.
In anderen Worten: Bei einem Stern von über der 1,4fachen Masse unserer Sonne ist die zum Zentrum hin ausgerichtete Schwerkraft so gewaltig, daß er sich über das Weiße-Zwerg-Stadium hinaus weiter verdichtet. Die Kompression nimmt derartige Dimensionen an, daß sich selbst die Elementarbausteine der Materie unter ihrem Einfluß umwandeln. Durch den übermäßigen Druck werden die Elektronen in die Protonen der Atomkerne gequetscht, wo sie sich zu Neutronen vereinen, bis ihre Dichte schließlich einen Grad erreicht, der beinahe den Verhältnissen im Innern eines Atomkerns entspricht. So ist ein Neutronenstern noch um das Millionenfache dichter als ein Weißer Zwerg.
Der Krebsnebel ist ein spektakuläres Beispiel für das

Überbleibsel einer Supernova. Er sieht auch heute noch wie die Zeitrafferaufnahme einer Explosion aus. Die Expansion seiner leuchtenden Gaswolke läßt sich an Aufnahmen verfolgen, die diesen Nebel über Jahre hinaus festgehalten haben. Läßt man sie wie einen Film hintereinander zurücklaufen, deutet alles darauf hin, daß sich die Explosion um 1054 nach Christus ereignet hat, vielmehr ihr Licht die Erde zu jenem Zeitpunkt erreicht haben muß. Die Vorstellung, daß sich ein Stern von der Masse der Sonne als Weißer Zwerg bis auf nur Erdgröße verdichtet, ist schon schwer genug. Aber daß ein Stern von doppelter Sonnenmasse durch seine Verdichtung zu einem rotierenden Klumpen von etwa zehn Kilometern Durchmesser oder weniger zusammengepreßt wird, übersteigt fast unsere Vorstellungskraft. Dennoch trifft genau das auf Neutronensterne zu.

Unter Leitung von Dr. A. Hewish entdeckte Jocelyn Bell von der Universität Cambridge 1964 eine Strahlenquelle, die kurze Impulse abgab. Diese Impulse wiederholten sich über den größten Teil des Radiospektrums einmal pro Sekunde. Während der sechsmonatigen Beobachtungsdauer blieben die Impulsintervalle erstaunlich gleichmäßig. Da die Signale den Verdacht weckten, sie könnten von intelligentem Leben irgendwo im Weltall stammen – von »little green men« (kleinen grünen Männern) – wurde die Strahlenquelle LGM-1 getauft. Als jedoch in anderen Regionen des Weltraums ebenfalls sogenannte Pulsare entdeckt wurden, gab man die Vorstellung von der Urheberschaft dieser Signale durch die »kleinen grünen Männer« wieder auf.

Heute wird vermutet, daß Pulsare schnell rotierende Neutronensterne sind. Denn mit zunehmender Verdichtung eines Sterns, der sich anfangs langsam dreht, erhöht sich auch seine Rotationsgeschwindigkeit – genau wie die eines Eiskunstläufers, der beim Drehen einer Pirouette die Arme anlegt.
Wie wir gesehen haben, endet ein Stern unter der 1,4fachen Sonnenmasse als Weißer Zwerg. Liegt seine Masse über diesem Grenzwert, aber *unter* der 3,2fachen Sonnenmasse, so explodiert er als Supernova, und wenn die Restmasse das 1,4fache der Sonne übersteigt, verdichtet er sich zum Neutronenstern.
Aber was geschieht mit Sternen von mehr als drei Sonnenmassen? Schon 1939 beschäftigte den amerikanischen Atomphysiker und uns als Vater der Atombombe bekannte Jacob Robert Oppenheimer diese Frage, als er seine Theorie über Neutronensterne ausarbeitete.
Seiner Meinung nach mußte die Verdichtung eines Sterns entsprechend großer Masse mit so katastrophalen Folgen verbunden sein, daß er nicht einmal mehr Überlebenschancen als Neutronenstern hatte. In einem solchen Prozeß werden die verschweißten Neutronen »vernichtet«. Ein kollabierender Stern, der dieses Stadium erreicht hat, muß zu unendlicher Dichte schrumpfen, da der Schwerkraft bei einem Versagen der Kernkraft keine Grenzen mehr gesetzt sind. Der Stern kollabiert weiter und weiter bis zu einem Punkt unendlicher Dichte, den Mathematiker Singularität nennen – ein Punkt, an dem die Existenz von Raum und Zeit aufhört und sein Gravitationsfeld unendlich stark wird.

Berechnungen zufolge liegt die kritische Grenze für die Stabilität eines Neutronensterns bei 3,2 Sonnenmassen. Wird dieser Grenzwert überschritten, kollabiert der Stern unaufhaltsam weiter bis zu einem sogenannten Schwarzen Loch.

Bereits um die Jahrhundertwende hatten Henry Morris Russell und der dänische Astronom Einar Hertzsprung unabhängig voneinander eine Beziehung zwischen der Farbe von Sternen und deren absoluter Größe entdeckt. Heute sind diese Arbeiten unter dem Namen Hertzsprung-Russell-Diagramm bekannt. Hierin werden Sterne entsprechend ihrer Spektraltyp-Zugehörigkeit und absoluten Leuchtkraft einander graphisch gegenübergestellt. Die Klasseneinteilung dieses Diagramms ist in keiner Weise zufällig. Es handelt sich vielmehr um ein wohlgeordnetes, von der oberen Linken zur unteren Rechten verlaufendes Band, in dem sich die überwiegende Mehrzahl der Sterne befindet – Hauptreihe genannt. Zwerge, Riesen und Überriesen sind hier beidseitig plaziert. Die Sterne der verschiedenen Spektraltypen sind jeweils einem Buchstaben des Alphabets zugeordnet. Sterne der W-, O-, B- und A-Zugehörigkeit sind weiß oder blauweiß; Sterne der Klassen F und G gelb; K-Sterne orange und die Klassen M, R, N und S orangerot.
W, O, B, A, F, G, K, M, R, N, S – ein sonderbares alphabetisches Konglomerat, das mit Irrtümern früherer Spektroskopiker zusammenhängt.
Ein bescheidener gelber Stern wie unsere Sonne zum Beispiel leuchtet für Milliarden von Jahren beständig in der Hauptreihe, bevor er eine Phase als unauffälli-

ger Roter Riese durchläuft, um dann zum Weißen Zwerg zu werden. Dagegen geht ein blauweißer Stern verschwenderisch mit seiner Energie um. Er verbleibt viel kürzere Zeit in der Hauptreihe, bläht sich zuerst zum gewaltigen Riesen auf, um dann im Zwergstadium zerquetscht zu werden und schließlich als wild trudelnder Neutronenstern – oder noch dramatischer – als Schwarzes Loch zu enden.

Sterne werden generell in die Populationen I und II eingeteilt. Population-I-Sterne sind die neueren gelben oder blauen Sterne mit einer Menge schwerer Elemente, die entlang der Spiralarme der Sternensysteme entdeckt wurden und zu denen auch unsere Sonne gehört.

Population-II-Sterne bestehen dagegen aus Roten oder Gelben Riesen, bei denen es sich um ältere Sterne ohne Atome schwerer Metalle handelt. Sie befinden sich vorwiegend im galaktischen Zentrum und in Kugelsternhaufen.

Der Vorort der Milchstraße, an dem heute unser Sonnensystem zu finden ist, wurde vor seiner Entstehung von Materie explodierender Sterne ausgefüllt. Diese aus neuen Elementen bestehende Materie verhielt sich chemisch aktiv. Aus der Reaktion von Wasserstoff mit Sauerstoff entstand zum Beispiel Wasser, das zu winzigen Eispartikeln gefror. Die Reaktion zwischen Metallen, Silikon und Sauerstoff führte zur Bildung kleiner Gesteinsbrocken, während sich der Urstoff allen irdischen Lebens – Kohlenstoff – durch chemische Reaktionen in teerartige Substanzen wandelte. Diese Materiewolke wurde immer wieder durch Supernovae-Explosionen mit neuen Elementen angereichert.

In der dichteren Region der bereits vor dem Kollaps stehenden interstellaren Staub- und Wasserstoffwolke gaben die von einer solchen Supernova-Explosion ausgehenden Schockwellen den Anstoß zur Entstehung unserer Sonne.

Wie groß ist nun die Wahrscheinlichkeit, daß sich außer unserem Planetensystem auch noch andere gebildet haben?
Der amerikanische Astronom Stephen H. Dole hat anhand von Computersimulationen untersucht, ob die Bildung von Planetensystemen ein ganz »alltäglicher« Vorgang ist oder nicht. Er legte die Masse und Dichte einer Gas- und Staubwolke zugrunde, wie sie vor der Entstehung unseres Sonnensystems gewesen sein könnte. Dann ließ er vom Computer Daten über Schwerkraftauswirkungen, zufällige Bewegungsabläufe, Kollisionsprozesse und dergleichen mehr ausarbeiten und danach die Ergebnisse kalkulieren.
Dieses Gas-Staubwolkenmodell spielte er in den verschiedensten Varianten durch. Resultat: In jedem Fall entstanden Planetensysteme, die unserem Sonnensystem verblüffend glichen. Die simulierten Planetensysteme bestanden jeweils aus einem Zentralgestirn mit sieben bis vierzehn Planeten. Die kleineren, massiven Planeten befanden sich in der Nähe ihrer Sonne, und die größeren waren – wie in unserem Solarsystem – weiter von ihr entfernt. Beinahe in jedem dieser Systeme gab es einen Planeten, dessen Zusammensetzung und Entfernung vom Zentralgestirn etwa unserer Erde entsprach. Es ergaben sich – auch was Masse und Entfernung betraf – jupiterähnliche Planeten.

Zum Schluß speicherte Dole auch das Diagramm unseres wirklichen Sonnensystems und vermischte es mit den verschiedenen simulierten. Die Übereinstimmung war so groß, daß eine Unterscheidung zwischen den simulierten Planetensystemen und unserem echten Sonnensystem kaum mehr möglich war.
Dieser Studie zufolge existieren also zahllose Planetensysteme – nicht nur in unserer Milchstraße, sondern auch in anderen Galaxien.
Obwohl Astronomen schon seit längerem nach anderen Planetensystemen gesucht haben, gelang die sensationelle Entdeckung anderer Planetensysteme erst kürzlich durch den holländisch-amerikanischen Infrarot-Astronomie-Satelliten IRAS. Die von diesem inzwischen gesammelten Daten umfassen einen Computerausdruck von über hundert Kilometern Länge.
In unserer Milchstraße hatte IRAS annähernd fünfzig Planetensysteme aufgespürt, bevor ihm die Betriebsenergie ausging. Darunter befand sich auch der blaue Stern Wega, für dessen Planetensystem IRAS praktisch den Nachweis erbracht hat. Im übrigen registrierte IRAS um den Stern Beta Pictoris die *Entstehung* eines Planetensystems.
Nach dieser Meldung nahmen Astronomen umgehend die optische Suche auf. Sie bedienten sich dabei sogenannter CCD-Detektoren (CCD = charged-coupled-device – ladungsgekoppeltes Element), bei denen es sich um einen mit lichtempfindlichen Flächen – pixels – gespickten Siliciumchip handelt. CCD-Chips der neuesten Generation haben für 640 000 dieser pixels Platz, also für über eine halbe Million hochempfindlicher Lichtsensoren, auf die das mit einem riesigen

Teleskop erzielte Bild konzentriert wird. Dabei entsteht in jedem pixel eine Ladung, die in einen Computerspeicher fließt und von dort für die Darstellungsvarianten moderner Bildverarbeitung abgerufen werden kann. Nach Beobachtungen des Astronomen Richard Terrile, einem der optischen Entdecker des fünfzig Lichtjahre entfernten Beta-pictoris-Systems ist deutlich zu sehen, daß sich um diesen Stern gerade innere Planeten bilden – wie einst die inneren Planeten unseres eigenen Sonnensystems: Merkur, Venus, Erde und Mars.

Bis heute waren Astronomen gezwungen, ihre Alterseinschätzung von Sternen, Galaxien, ja des gesamten Universums ständig zu revidieren.
Wenn wir die Anzahl der Planetensysteme in den Galaxien schätzen wollen, muß nicht nur der Entstehungsprozeß des Universums bekannt sein, sondern auch der Zeitpunkt seiner Entstehung. Theoretisch haben Physiker die Geschichte des Universums inzwischen bis auf nur 10^{-43} Sekunden nach dem Urknall – dem »big bang« – zurückverfolgt. In Zahlen ausgedrückt entspricht dieser Bruchteil einer Sekunde einem Dezimalpunkt mit 42 darauffolgenden Nullen und einer 1.
Den neuesten Theorien zufolge war das gesamte Universum zu diesem Zeitpunkt, vor ca. zwanzig Milliarden Jahren, winziger als ein Atomkern. Materie in unserem Sinne existierte noch nicht. Der Kosmos war absolute, gestaute, ultraheiße Energie – *der* Stoff, aus dem Raum und Zeit entstanden sind. Es existierte eine Art zergehende, sich immer wieder neu formende

»schaumige Masse« aus Schwarzen Löchern. Möglicherweise war unser Universum zu einem bestimmten Zeitpunkt ein winziger Teil dieses »Schaums« und begann rapide zu expandieren – wie ein Hefeteig, der aufgeht. Und damit vollzog sich sozusagen die Geburt unseres Universums.

Nach heutigen Überlegungen hat der Urknall – diese kosmische Eruption – nicht nur das plötzliche Auftauchen von Materie und Energie erzeugt, sondern auch das vierdimensionale Kontinuum Raum und Zeit. Und damit wäre der gesamte physikalische Kosmos vor etwa zwanzig Milliarden Jahren durch den oder mehrere Knalle entstanden. Dieser Vorgang spaltete die vereinte Superurkraft in ihre unterschiedlichen Komponente auf – in die vier Naturkräfte, mit denen wir es heute zu tun haben.

Bereits 10^{-32} Sekundstel nach dem Urknall wurde eine feinabgestimmte Balance zwischen Schwerkraft und Expansion erreicht. »Viel später« – etwa nach einer Millionstel Sekunde hatte sich das junge Universum so weit abgekühlt, daß aus Quarks Protonen und Neutronen entstehen konnten. (Quarks sind die winzigen Bausteine der Protonen und Neutronen; eine Familie von Partikeln, zu denen auch die Elektronen zählen). Etwa eine Sekunde nach dem Urknall wurden sogenannte Neutrinos (Geisterteilchen) frei. Heute vermuten viele Wissenschaftler, daß eben diese Neutrinos einige hunderttausend Jahre später eine entscheidende Rolle zu spielen begannen.

Schon 10^{-6} Sekundstel nach dem Urknall hatte sich das Universum etwa auf die Größe unseres Sonnensystems ausgedehnt. Aber im jungen Universum hatten

sich Materie und Antimaterie gebildet, die sich gegenseitig zerstrahlten. Zum Glück behielt die Materie die Oberhand, und alle im heutigen Universum vorhandene Materie ist ein Überrest aus dem »Vernichtungskampf« im Anfangsstadium.
Drei Minuten nach dem »big bang« hatte sich die Temperatur des Universums bereits auf eine Milliarde Grad abgekühlt. Protonen und Neutronen verbanden sich zu Atomkernen; Wasserstoff- und Heliumkerne entstanden. Nach hunderttausend Jahren, als die Temperatur bis auf dreitausend Grad gefallen war, vereinigten sich Elektronen mit den Kernen zu Atomen. Und das war der Zeitpunkt, zu dem sich die Photonen – die energetischen Partikel des Lichts – und andere elektromagnetische Strahlungsarten aus ihrer Materiebindung lösten. Das junge Universum nahm sein uns gewohntes Erscheinungsbild an: von Lichtquellen durchsetztes Dunkel.
Die Eruption von Photonen hinterließ ein Nachglühen, das von Radioastronomen heute überall im Universum ohne Schwierigkeiten zu ermitteln ist. Diese kosmische Hintergrundstrahlung hat sich auf 2,7° Kelvin abgekühlt – die Durchschnittstemperatur unseres Universums von heute (0° Kelvin = −273,15 °C). Diese erkalteten Photonen sind sozusagen Fossilien der am Anfang herrschenden, ungeheuer hohen Temperatur.
Nach dem Nachglühen bildeten sich Sternensysteme, die heute in sogenannten Clusters (Galaxiengruppen) und Superclusters vereinigt sind. Über die Entstehung dieser Galaxiengruppen gehen die Meinungen der Kosmologen noch auseinander. Während John

Peebles von der amerikanischen Princeton-Universität behauptet, daß sich die Galaxien zuerst geformt und dann zu Clusters gesammelt hätten, argumentiert der Sowjetwissenschaftler Yakow Zeldowich, die Galaxien wären aus den uranfänglichen Gaswolken entstanden, die in dünnen Schichten kollabiert seien. Und diese dünnen »Pfannkuchen« hätten sich dann in Galaxien geteilt.

Peebles meint, mit der fehlenden Gewißheit über die eigentliche Zusammensetzung der Galaxien sei nun ein neues Problem aufgetaucht. Bisher wurde vorausgesetzt, daß Galaxien überwiegend aus Sternen bestehen. Inzwischen gibt es aber Hinweise auf ungeheure Mengen dunkler, unsichtbarer Materie innerhalb der Galaxien, und Sterne dürften hier also tatsächlich nur noch eine untergeordnete Rolle spielen.

Diese dunkle Materie könnte natürlich Schwarze Löcher verkörpern, das heißt, bis zur unendlichen Dichte kollabierte Materie übergroßer Sterne, die aller Wahrscheinlichkeit nach aus unserer normalen Raum-Zeit-Struktur verschwunden ist, aber einen rotierenden Schwerkraftstrudel hinterließ. In diesen Regionen ist die Raum-Zeit-Struktur zu einem »Schacht« entarteter Dimensionen »ausgebeult«. Genausogut könnte es sich bei dieser dunklen Materie aber auch um ausgebrannte Sternleichen handeln; vielleicht auch um kleine Objekte mit zu geringer Masse, um die stellare Kernfusion in Gang zu bringen; oder um subatomare Teilchen, Neutrinos genannt.

In Sternen bilden sich ununterbrochen Neutrinos. Kosmologen interessieren sich allerdings vor allem für die »big-bang«-Neutrinos, von denen wir heute noch »berieselt« werden. Sie beschäftigen sich aber erst mit Neutrinos, seit sich 1980 aus sowjetischen und amerikanischen Experimenten der Hinweis ergab, daß diese vermutlich »massenlosen Energie-Winzlinge« doch über minimale Masse verfügen. Sollte sich das endgültig bestätigen, müßten die Kosmologen wieder einmal umlernen. Denn Urknall-Neutrinos sind mindestens ebenso zahlreich wie Lichtquanten-Photonen. Sie würden also etwa neunzig Prozent der Masse des Universums ausmachen.

Durch Neutrinos ließe sich die neu entdeckte Struktur des Universums erklären. Aus weiter Ferne betrachtet, wäre das Universum danach wie ein riesiger, luftiger Schwamm mit unregelmäßig geformten gewaltigen Lücken, mit leeren Raumregionen von mehr als dreihundert Millionen Lichtjahren im Durchmesser, in denen sich keine Galaxien befinden. Es ist nicht auszuschließen, daß dieser »kosmische Schwamm« ein Skelett aus Neutrinos mit Masse umschließt. Materie wäre also einfach in den Gravitationsfallen der Neutrinostruktur gefangen worden.

In den ersten Versuchen gelang es, mit Hilfe von Computern die Zusammenballung von Neutrinos nach dem »big bang« zu simulieren. Das Ergebnis waren filamentähnliche, durch große Lücken getrennte Strukturen, wie sie heute im Universum wahrgenommen werden.

Bereits mit dem Urknall wurde die Entwicklung des Universums für die Zukunft festgelegt. Das Hauptprodukt dieser Eruption vor zwanzig Milliarden Jahren war Wasserstoff. Seitdem vollzieht sich im Kosmos die Umwandlung von Wasserstoffwolken zu

Himmelskörpern – zu Sternen und Planeten. Wo immer die Bedingungen geeignet waren, dürfte sich auch Leben und schließlich Intelligenz entwickelt haben.
Es gibt eine ganze Reihe mehr oder weniger überzeugender Schätzungen über die Anzahl außerirdischer Zivilisationen in unserer Milchstraße. Die Berechnungen stützen sich vorwiegend auf astronomische, biologische beziehungsweise exobiologische Grundlagen und gehen von erdähnlichen Lebensformen aus. Sonne und Erde sind knapp fünf Milliarden Jahre alt, aber die Milchstraße und die meisten ihrer Sterne sind zehn Milliarden Jahre, also doppelt so alt.
Wenn wir unsere eigene Entwicklung als typisch betrachten, bedeutet das nach vorsichtigster Schätzung, daß von den zweihundert Milliarden Sternen in der Milchstraße etwa ein halbes Prozent einen bewohnbaren Planeten mit sich führt. Danach hat sich auf einer Milliarde Planeten Leben entwickelt. Und die meisten dieser Zivilisationen könnten ein unverhältnismäßig höheres Entwicklungsniveau erreicht haben als wir, da sie viel älter sind. In unserer Galaxie existieren also mit ziemlicher Sicherheit viele sehr alte Zivilisationen.
Schätzungen über die Anzahl solcher extraterrestrischer Zivilisationen sind nach der sogenannten Grennbank- oder Drake-Formel vorgenommen worden. Die Grennbank-Gleichung ist auf der Überlegung aufgebaut, daß sich Intelligenz und Technologie auf der Erde in den mittleren Jahren der Sonne innerhalb einer verhältnismäßig kurzen Zeitspanne entwickelt haben. In einem Zeitraum von nur hundert Jahren gelangte der Mensch auf dem Gebiet der elek-

tromagnetischen Kommunikation von völliger Unkenntnis zu einem relativ hohen Standard. Verglichen mit der durchschnittlichen menschlichen Lebensspanne ist das sehr lang, aber in der kosmischen Zeitskala bedeutet es nur 10^{-8} der Lebensdauer eines Sternensystems.
Selbst wenn nur ein kleiner Prozentsatz höher entwickelter Zivilisationen die »technologischen Flegeljahre« überleben sollte, wäre die verbliebene Anzahl in unserer Milchstraße heute wahrscheinlich dennoch sehr groß. Voraussetzung dazu sind Milliarden von lebensfreundlichen Planeten – die hohe Wahrscheinlichkeit für die Entstehung von Leben – und Milliarden von Entwicklungsjahren. Schätzungen darüber stehen natürlich auf recht unsicherem Boden, und die Meinungen gehen hier auch stark auseinander.
So geht Drake von der Annahme aus, daß in unserer Milchstraße etwa eine Million Zivilisationen bestehen, die entweder unser Evolutionsstadium erreicht oder bereits überschritten haben. Wären diese Zivilisationen wahllos über die Milchstraße verstreut, müßte die mittlere Entfernung zur nächstliegenden etwa dreihundert Lichtjahre betragen, meint Drake. Aus diesem Grunde wäre jede zwischen ihnen und uns zustandekommende Einweginformation dreihundert Jahre unterwegs.
Das Problem der Greenbank-Formel beruht auf den variablen Faktoren dieser zur Zahl N führenden Gleichung. N steht für die Anzahl der geschätzten, entwickelten Planeten in unserem Sternensystem. Und hier ist eben jede Zahl zwischen 1 und 1 Million denkbar.

Intelligenz und wahrscheinlich auch Technologie dürften Voraussetzung für eine hochentwickelte Zivilisation sein. Hat sie dieses Evolutionsstadium erreicht, besteht allerdings auch die Gefahr, daß sie sich durch Umweltvergiftung, Ausbeutung ihrer natürlichen Rohstoffquellen und nicht zuletzt durch kriegerische Auseinandersetzung mit Atomwaffen selbst wieder vernichtet. Mit welcher Lebenserwartung können hochentwickelte Zivilisationen also überhaupt rechnen?
Nach Kalkulationen des deutschen Astrophysikers Sebastian von Hoerner liegt die kritische Phase für die Lebensdauer einer Zivilisation bei 4500 Jahren. Falls sie diese Zeitspanne überlebt, hat sie berechtigte Aussichten, sehr alt zu werden. In anderen Worten: Entweder kommt eine intelligente Zivilisation durch Selbstvernichtung relativ schnell um, oder sie bleibt viele Tausende, wenn nicht gar Millionen Jahre bestehen.

Die schnellste uns bekannte Methode zur Kontaktaufnahme und bei weitem auch die billigste ist die elektromagnetische Strahlung. Denn unserem derzeitigen Wissensstand zufolge sind Radiowellen das effizienteste und ökonomischste Verfahren zu einer Verbindungsaufnahme. Sie käme allerdings nur dann zustande, wenn die Bewohner einer fremden Welt in ihrer Entwicklung wesentlich fortgeschrittener wären als wir. Denn um unsere Signale empfangen und ihre eigenen ausstrahlen zu können, müßten ihre Sender und Empfänger der langen Laufzeit wegen ein paar Generationen weiter sein als unsere. Zudem

müßte eine solche Zivilisation eine überaus lange Lebensdauer haben. Unter Berücksichtigung all dieser Faktoren müßten eigentlich ständig Radiobotschaften von anderen Planetensystemen ausgestrahlt werden. Die Frage ist nur, wie wir sie empfangen sollen, da uns weder die Sendefrequenz, die Bandbreite, die Art der Modulation noch das jeweilige Planetensystem bekannt ist, von dem diese Signale kommen könnten.
Eventuell existierende Zivilisationen im Besitz hochleistungsfähiger Radioteleskope könnten sich natürlich auch ausschließlich auf den Empfang fremder Signale spezialisieren und auf eigene Ausstrahlungen verzichten. Radioteleskope dieser Art würden es ihnen unter Umständen sogar erlauben, die ersten Radioausstrahlungen einer weniger fortgeschrittenen Zivilisation zu ermitteln. Und sicherlich dürfen wir davon ausgehen, daß eine hochentwickelte Zivilisation mit ihren Superradioteleskopen die Signale einer anderen bewohnten Welt entdeckt und dann auf sich aufmerksam machen würde. Drake nimmt an, daß die 1420-MHz-Frequenz, also die 21-cm-Wellenlänge, sich am besten zur Suche eignet.
In den USA, der Sowjetunion und in Kanada wurden und werden immer noch »Lausch«-Programme mit Hilfe von Radioteleskopen durchgeführt in der Hoffnung, Signale außerirdischer Intelligenzen aufzufangen. Das Arecibo-Radioteleskop in den Hügeln von Puerto Rico strahlte außerdem auch Radiobotschaften mit einer Sendeleistung von 450 Kilowatt über die 21-cm-Wellenlänge und 1610 MHz zum etwa 300 000 Sterne umfassenden Kugelhaufen »Messier 13« im Sternbild Herkules aus.

Falls in »Messier 13« intelligentes Leben existieren sollte, käme die in Code abgefaßte Botschaft über die chemische Zusammensetzung des Lebens auf der Erde allerdings erst in 13000 Jahren dort an. Und wir beziehungsweise unsere Nachkommen – falls es noch welche gibt – müßten 26000 (!) Jahre auf eine eventuelle Rückantwort warten.
Zudem wurden die heute zur Verfügung stehenden Ortungsmöglichkeiten außerirdischer Signale von einem Komitee der NASA eingehend überprüft. Die Beteiligten, darunter auch Philip Morrison vom Massachusetts Institute of Technology, debattierten über eine Vielfalt zweckdienlicher wissenschaftlicher und technologischer Hilfsmittel unter Einbeziehung neu zu installierender Radioteleskope auf der Erde und im Weltraum.
In der Sowjetunion wurde eine staatliche Kommission damit beauftragt, eine Suchaktion nach außerirdischem Leben zu starten, an der sich auch das im Kaukasus errichtete RATAN-600-Radioteleskop beteiligt. Darüber hinaus entwickelten die Sowjetrussen Weltraum-Radioteleskop-Systeme, die etwaige Funksignale außerirdischer Zivilisationen aufspüren sollen.
Die Suche geht also ständig weiter. So ist in Amerika unter Leitung von Paul Horowitz das Projekt Sentinel angelaufen, ein Gemeinschaftsunternehmen der Harvard Universität und der Planetary Society, das sich des Radioteleskops des Oak-Ridge Observatoriums bedient. Ein hochleistungsfähiger Computer steht hier als Analysator zur Verfügung, um künstliche Signale zu identifizieren. Er untersucht 130000 ver-

schiedene, auf die 21-cm-Wellenlänge zentrierte Funkfrequenzen. Der Analysator ist in der Lage, mögliche außerirdische, intelligente Signale von irdischen Funkstörungen zu unterscheiden. Horowitz meint allerdings, daß mit Erfolgen nur dann gerechnet werden könne, wenn ein paar Millionen Sterne abgetastet, eine Fülle von Signalen aufgefangen und analysiert wären.

Einige Astronomen vertreten den Standpunkt, Radiowellen seien nicht unbedingt die beste Methode zur Nachrichtenübermittlung zwischen Planetensystemen. Denn eventuell vorhandene andere Zivilisationen könnten unter Umständen Laserstrahlen oder sonstige, uns bisher noch unbekannte Techniken zur Nachrichtenübertragung anwenden.

Auch mit Hilfe von Satelliten suchen jetzt einige Astronomen nach außerirdischer Intelligenz, um aufgefangene Signale der verschiedensten Wellenlängen zu überprüfen. So untersuchte der im Erdumlauf befindliche astronomische Beobachtungssatellit »Kopernikus« mehrere nahegelegene Sterne auf ultraviolette Signale hin. Britische Astronomen beabsichtigen, auch Röntgenstrahlen-Daten auf Hinweise intelligenter Transmissionen zu analysieren. Der britische Röntgenstrahlen-Astronom Dr. Mike Cruise ist nämlich der Ansicht, daß Astronomen ihre ohnedies bereits gespeicherten Daten auf mögliche außerirdische Signale hin analysieren sollten, da der mit der Computertechnologie verbundene Aufwand im Vergleich zur Bedeutung einer Entdeckung von außerirdischer Intelligenz relativ gering sein würde.

Trotz aller Bemühungen kam bisher keine Kontaktaufnahme mit Bewohnern anderer Welten zustande. Einige Wissenschaftler haben dafür eine ganze Reihe von Erklärungen: Wir könnten entweder die einzige Zivilisation in der Milchstraße sein, oder alle anderen Zivilisationen wären vielleicht nicht technisch orientiert, respektive würden sich auf ihr eigenes Planetensystem beschränken und an einer Kontaktaufnahme uninteressiert sein.

Außerdem sei wohl auch die Lebensspanne technischer Zivilisationen für das Zustandekommen einer Kontaktaufnahme zu kurz. Es könne aber auch möglich sein, daß uns alle anderen Zivilisationen in ihrer Entwicklung so überlegen seien, daß wir unfähig wären, sie zu erkennen.

Ein weiterer Grund: Wir könnten für fortschrittlichere Zivilisationen zu uninteressant, wenn nicht gar tabu oder zu unreif für eine Kontaktaufnahme sein. (Ein Argument, das der Wahrheit wahrscheinlich am nächsten kommt.) Nicht zuletzt wird argumentiert, daß interstellare Raumfahrt eben doch auch in ferner Zukunft nicht durchführbar sei.

Zusammenfassend ist also folgendes festzustellen:

- Andere Planetensysteme existieren, und aller Wahrscheinlichkeit nach gibt es auch sehr viele Planeten im lebensfreundlichen Bereich ihrer Sonnen.
- Mit ziemlicher Sicherheit hat sich auf vielen dieser Planeten Leben entwickelt.
- Es ist anzunehmen, daß in anderen Planetensystemen hochentwickelte Zivilisationen existieren.
- Es liegt im Bereich des Möglichen, daß sowohl die

Erde als auch der Mars irgendwann in der Vergangenheit von fremden Intelligenzen aufgesucht wurden und werden.

Es scheint mir jedoch abwegig, daß sich ein paar Astronauten aus einem anderen Sonnensystem die unglaubliche Mühe gemacht haben sollen, auf dem Mars gigantische Pyramiden und steinerne Köpfe zu errichten. Da hierfür anscheinend jede logische Motivation fehlt, dürfte diese Hypothese ausscheiden – es sei denn, Mars wäre ein Außenposten für die Zivilisation eines anderen Planetensystems gewesen.

Eine weitere Überlegung wäre, daß die Monumente auf dem Mars möglicherweise durch Menschen einer untergegangenen Hochkultur geschaffen wurden und nicht durch Außerirdische, also nicht durch Marsianer, Phaethonianer oder humanoide Wesen eines anderen Planetensystems.

Gab es in vorgeschichtlicher Zeit vielleicht einmal Menschen, die in der Lage waren, den Mars zu besuchen?

Während der »Luna und Planetary Science«-Konferenz der NASA im Jahr 1983 wurde bekanntgegeben, daß die neun 1979 in der Antarktis entdeckten Steinfragmente vom Mars stammen.

Zumindest von einem Brocken weiß man sicher, daß er eigentlich nur vom Mars kommen kann. Untersuchungen ergaben, daß dieser Gesteinsbrocken Spuren der Gase Argon, Neon, Krypton und Xenon enthält, die auch in der Marsatmosphäre enthalten sind.

Wie kam dieser Marsstein zur Erde?

14

Drachenwege

Am 29. Januar 1985 berichtete die sowjetische Tageszeitung »Sozialistische Industrie«, daß der am Ufer eines Flusses im Ural gefundene Felsbrocken nach Analyse sowjetischer Wissenschaftler kein Meteorit sei, sondern ein »künstlicher Klumpen«. Die Art seiner Zusammensetzung sei in keiner anderen irdischen Materie zu finden. Die sowjetrussischen Wissenschaftler schließen nicht aus, daß dieser »Gesteinsbrocken« von außerirdischen Lebewesen innerhalb des Sonnensystems oder sogar auf der Erde selbst hergestellt worden sein könnte. Den Angaben zufolge ist aus seinem schichtartigen Aufbau ersichtlich, daß er unter mehreren zehntausend Atmosphären Druck geformt wurde. Der Brocken enthält 67,2 Prozent des silbrig schimmernden Metalls Zerium (Ce), 10,9 Prozent des zinnfarbenen Metalls Lanthan (La) und 8,78 Prozent des selten vorkommenden Metalls Neodym (Nd). Der Rest setzt sich aus Eisen und Magnesium zusammen. Seine Radioaktivität soll die irdischen Gesteins um das 140fache überschreiten.
Auf die Frage nach der Herkunft dieses seltsamen, anscheinend synthetischen »Klumpens« läßt sich ebensowenig eine befriedigende Antwort finden wie auf die Odyssee des Marssteins zur Erde. Neben vielen anderen Hinweisen geben solche Funde Anlaß zur

Frage, ob nicht irgendwann in der Vergangenheit der Menschen eine Hochzivilisation bereits interplanetarische Forschung betrieben haben könnte.
Wenn wir uralten indischen und chinesischen Mythen Glauben schenken wollen, muß es einst eine Art kosmischer Tradition gegeben haben. Vor ca. fünftausend Jahren oder noch längerer Zeit High-tech in China und Indien?
In den überlieferten indischen Heldenliedern, den Veden, im Mahâbhârata und anderen alten Texten wird jedenfalls die Konstruktion von Flugmaschinen und deren Fähigkeiten beschrieben; es wird von Luftschlachten und von Superwaffen berichtet, die den heutigen Kernwaffen entsprechen:
»Ein flammendes Geschoß, das die Strahlungskraft rauchlosen Feuers besaß, wurde abgeschossen... Undurchdringliche Finsternis hüllte plötzlich den Himmel ein. Unheilvolle Winde begannen zu wehen; Wolken wurden in höhere Luftschichten gerissen und regneten Blut. Von der Glut der Waffe versengt schien die Welt im Fieber zu taumeln», heißt es im Drona Parva. »Den Menschen fielen Haare und Fingernägel aus; das Gefieder der Vögel wurde weiß.«
In den rund viertausend Jahre alten Veden wird die Technik des Fliegens beeindruckend beschrieben: »Die Vimânas (Flugmaschinen) waren mehrstöckig gebaut, sie konnten vorwärts und rückwärts fliegen, senkrecht steigen, auf der Stelle schweben und sinken. Mit den Vimânas konnten menschliche Wesen bis in die Sternregionen fliegen.«
Der Inder Dr. Dileep Kumar Kanjilal, Professor am Kalkutta Sanskrit College, schreibt in »Fliegende Ma-

schinen und Weltraumstädte im antiken Indien. Aus den Tiefen des Alls«:
»Hinweise finden sich in den Gesängen zu den Aśvina-Zwillingen, die man vielleicht als die ›Physiker‹ der Götter bezeichnen könnte, zu Rhbus und zu Indra. Hier taucht auch der Name ›ratha‹ auf, das heißt ›Himmelswagen, der sich bewegt‹. Im ›Yajur-weda‹ bedeutet das Wort ›vimâna‹ ›etwas, das den Himmel durchmißt und sich wie ein Vogel im Himmel bewegt‹. Es wird hier zum erstenmal überhaupt gebraucht. Rhbus, Architekt und Gottheit in einer Person, stellte für die Aśvina-Zwillinge ein wundervolles Luftfahrzeug her, das dreieckig, dreirädrig, sehr geräumig und dazu in der Lage war, mit einer Geschwindigkeit ›schneller als der Gedanke‹ durch den Himmel zu fliegen. Es hatte drei Landebeine und bestand im wesentlichen aus ›Gold, Silber und Eisen‹. Geflogen wurde es von drei Piloten (tribandhura), hatte Honig, gegarten Reis und Alkohol an Bord und war mit allem Komfort über einen angenehmen Flug ausgestattet. Drei Treibstoffarten, in diesem Fall flüssige Brennstoffe, befanden sich in drei Behältern im oberen Bereich des Fahrzeugs. Ein vierter, ›ein Gefäß, gefertigt aus Haut, gefüllt mit dem Extrakt der Somapflanze‹, befand sich im Inneren. Die Insassen dieses Fahrzeuges – einschließlich der Piloten, gewöhnlich nicht mehr als sechs oder sieben Personen – waren göttliche Wesen in menschlicher Gestalt.«
Die International Academy für Sanskrit-Forschung in Mysore, Indien, übertrug als erste den Sanskrit-Text von Maharshi Bharadwaja, einem Seher der Frühzeit, in moderne Terminologie. In acht Kapiteln wird hier

die Herstellung verschiedener Typen dieser »Vimânas« beschrieben, die bequeme und störungsfreie Flüge nicht nur auf der Erde, sondern auch im Weltraum von Planet zu Planet ermöglichen.
Unter anderem beschreibt der Sanskrit-Text im einzelnen: Das Geheimnis, Flugapparate zu bauen, die unzerbrechlich sind und kein Feuer fangen können ... das Geheimnis, Flugapparate stillstehen zu lassen ... unsichtbar zu machen ... das Geheimnis, Gespräche und Geräusche in Feindapparaten mitzuhören ... das Geheimnis, das Innere von Feindapparaten bildlich festzuhalten ... die Richtung sich annähernder feindlicher Flugapparate festzustellen ... Personen in feindlichen Flugapparaten zu betäuben ... das Geheimnis, feindliche Flugapparate zu zerstören ... Nach Showaka gibt es sechzehn Sorten von Metallen, die sich zum Bau von Flugapparaten eignen und Licht und Hitze absorbieren. Große indische Weise empfahlen dafür sogar ausschließlich die Verwendung dieser sechzehn Metalle.

Auch in uralten chinesischen Schriften wird generell vom Flugwesen und der Raumfahrt berichtet. Dabei spielt der Drache, das ehemalige Nationalemblem der Chinesen, eine wichtige Rolle. Der feuerspeiende Drache glänzte metallen und konnte bis zu siebzig Passagiere befördern. Nach Aussagen des amerikanischen Sinologen und Anthropologen Berthold Laufer gibt es in China auch Stiche und Tuschzeichnungen von Flugzeugentwürfen mit unbekannten Antriebssystemen, die alle über dreitausend Jahre alt sind.

Wenn wir die ältesten Überlieferungen der Menschheit durchforsten, ob die der Inder, der Chinesen, Sumerer, Ägypter und vieler anderer, stoßen wir immer wieder auf eine mysteriöse Symbolik im Zusammenhang mit der Möglichkeit des Fliegens: Auf eiserne Schlangen, metallisch glänzende Drachen, fliegende Schilde, fliegende Wagen und Schiffe.
Entspringen sie nur dem Wunschdenken dichterischer Phantasie, oder sind es symbolisierte Beschreibungen realer Flugmaschinen, die tatsächlich von Planet zu Planet flogen? Wenn es je eine Art vorgeschichtlicher Raumfahrt gegeben haben sollte, wäre es natürlich durchaus möglich, daß der *Mensch* vor Urzeiten eine Kolonie auf dem Mars errichtet hätte, die durch eine kosmische oder selbstgemachte Katastrophe unterging, genau wie sich auf der Erde Hochkulturen entwickelt haben und wieder verschwanden.

Aufstieg und Untergang scheinen ein Hauptproblem der Menschheit zu sein. Wann sind wir an der Reihe? – sind wir doch ständig mit der Möglichkeit des Untergangs konfrontiert. Wir leben in Unsicherheit und drohenden Gefahren wie Umweltzerstörung, Nuklearkrieg, unheilbaren Krankheiten und Überbevölkerung.
Heute befindet sich die Menschheit in der umfassendsten und schnellsten Urbanisierungsphase ihrer gesamten Entwicklungsgeschichte. Noch vor 135 Jahren gab es lediglich vier Großstädte, deren Einwohnerzahl die Millionenmarke gerade erreicht oder überschritten hatte. Doch bereits fünfzig Jahre später, um die Jahrhundertwende, war ihre Anzahl auf neunzehn

angewachsen. Und Anfang der sechziger Jahre gab es auf unserer kleinen Erde schon 141 Millionenstädte. Die holländischen Wissenschaftler Edgar de Vries und J.P. Thysse vom Institut für Sozialwissenschaften in Den Haag errechneten, daß sich die Stadtbevölkerung weltweit jährlich um 6,5 Prozent vermehrt. Statistisch gesehen bedeutet das eine Verdopplung der Bevölkerung in den Städten innerhalb von elf Jahren.
Die Bevölkerungsexplosion auf einem immer »kleiner« werdenden Planeten wird in den kommenden Jahrzehnten mit Sicherheit große Probleme, wenn nicht katastrophale Folgen auslösen. Denn heute vermehrt sich die Bevölkerung in den sogenannten unterentwickelten Ländern mit minimalem technischen Fortschritt explosionsartig. Der Vorstoß der Menschheit in den Weltraum, um eine Überlebenschance wahrzunehmen, ist also programmiert. Und hier schließt sich der Ring zwischen Vergangenheit und Zukunft.

Die ersten außerirdischen Bergwerke sollen auf dem Mond erschlossen werden, da der Abtransport gewaltiger Materialmengen von der Rückseite, also der uns abgewandten Seite des Erdsatelliten, ohne größere Schwierigkeiten vorgenommen werden könnte. Durch das oft kritisierte Apollo-Projekt hat sich wenigstens eines herausgestellt: der Mond verfügt über ungeheure Bodenschätze. In einer typischen Apollo-Bodenprobe wurden zum Beispiel über zwanzig Prozent Silicon, über zwölf Prozent Aluminium, vier Prozent Eisen und drei Prozent Magnesium gefunden. Viele Proben enthalten sogar mehr als sechs Prozent Tita-

nium, ein besonders widerstandsfähiges Leichtmetall, das sehr hohe Temperaturen verträgt und in der Flugzeugindustrie gebraucht wird.
Sobald der Mensch erst einmal beginnt, den Weltraum für seine Zwecke zu nutzen, wird er sich innerhalb weniger Jahrzehnte der Erforschung des Asteroidengürtels und seiner Bodenschätze zuwenden. Da Raumreisen nicht den Problemen der irdischen Schwerkraft und Atmosphäre unterliegen, spielen die Entfernungen bei Transporten keine Rolle, sondern nur der Energiebedarf. Es dürfte also relativ einfach sein, Material vom Mond zu künftigen Raumsiedlungen zu transportieren. Die dabei anfallenden Transportkosten betrügen ein Zwanzigstel derjenigen, die eine Beförderung von der Erde zu diesen Raumstationen verschlingen würde.
Auf dem Mond gibt es weder Kohlenstoff noch Wasserstoff oder Stickstoff, also keine der zum Leben notwendigen Elemente. Nun hat aber die Spektralanalyse des von den Asteroiden reflektierten Sonnenlichts gezeigt, daß einige darunter kohlenstoff-, stickstoff- und sauerstoffhaltig sind – eine für die petrochemische Industrie wahrscheinlich ebenso wichtige Entdeckung wie die Erdölvorkommen auf der Erde. Daß Kohlenstoff, Sauerstoff und Stickstoff auf Asteroiden vorhanden sind, konnte auch durch die Analyse von Meteoriten – durch den kohlenstoffhaltigen Chondriten – nachgewiesen werden.
Im Endeffekt dürfte die Rohstoffgewinnung auf den Asteroiden leichter zu bewerkstelligen sein als in irdischen Bergwerken. Selbst wenn es möglich wäre, die Rohstoffe der gesamten irdischen Landmassen bis auf

achthundert Meter Tiefe abzubauen, entspräche der Ertrag daraus nur einem Prozent des Rohmaterials, über das die drei größten Asteroiden verfügen.

Die Weltraumbesiedlung ist längst keine Utopie – keine Science-fiction – mehr. Professor Gerard K. O'Neill von der amerikanischen Princeton-Universität hat bereits in den sechziger Jahren die ersten Vorstellungen einer Weltraumbesiedlung in Form einer physikalischen Übung entwickelt und mit seinen Studenten durchgespielt. Als die Berechnungen verwertbare Resultate brachten, wurde aus einer Idee ein realisierbares Projekt, und Konstruktionszeichnungen sowie Baupläne entstanden. Danach könnten theoretisch bereits in einigen Jahrzehnten Tausende aus aller Herren Länder in bis dahin fertiggestellte Weltraumstädte umsiedeln, um eine neue Heimat zu finden.

Diese Ergebnisse aus fünfjähriger Forschungsarbeit wurden auf zwei Universitätskonferenzen erörtert und schließlich bei einem Symposium im NASA-Ames-Research Laboratory von einer Reihe von Ingenieuren, Natur- und Sozial-Wissenschaftlern wochenlang analysiert, diskutiert und schließlich einstimmig als durchführbar klassifiziert. Der Regierung der USA wurde empfohlen, gemeinsam mit anderen Nationen ein Forschungs- und Entwicklungsprojekt ins Leben zu rufen. Damit sollte das Ziel verbunden sein, eine Produktionsstätte für nominell zehntausend Arbeitskräfte in einer Erdumlaufbahn zu konstruieren.

Zum Bau der geplanten Raumsiedlungen müßten die

schon genannten, bisher ungenützten, im Weltraum aber verhältnismäßig leicht zu beschaffenden Rohmaterialien verwendet werden, insbesondere vom Mond. Da die Schwerkraft des Mondes wesentlich geringer ist als die der Erde, würde, wie bereits gesagt, zum Materialtransport von der Mondoberfläche zur geplanten Weltraumsiedlung sehr viel weniger Energie benötigt als von der Erde dorthin. Denn Energie – Sonnenenergie – gibt es im Überfluß. Ein Kilogramm Endprodukt käme auf diese Weise zum Beispiel auf hundert Dollar. Müßte man dagegen alles benötigte Material durch die Raumfähre »Space Shuttle« in den Erdumlauf befördern, wären die Kosten sechsmal so hoch.
Denn trotz der tragischen Explosion der Raumfähre Challenger am 28. Januar 1986 durch ein Leck der rechten Startrakete (booster), werden die Space-Shuttle-Flüge selbstverständlich fortgesetzt. Schließlich dürfte NASA durch die gravierenden Pannen in der Qualitätskontrolle und die Kommunikationsprobleme des Sicherheitsmanagements gelernt haben.
Nach dem derzeitigen Forschungsstand ist vorgesehen, das Projekt Weltraumsiedlung mit einer kleinen Kolonie zu starten. Berechnungen des französisch-italienischen Mathematikers und Physikers J. L. Lagrange ergaben, daß in der Mondumlaufbahn – und zwar am sogenannten L 5 Lagrangeschen Librationspunkt – eine Station errichtet werden könnte. Hierbei fällt das sogenannte Drei-Körper-Problem (Erde-Mond-Satellit) ins Gewicht. Unter der Voraussetzung, daß die Masse des dritten Körpers – in diesem Falle des Satelliten – unverhältnismäßig gering ist, hatte

Lagrange schon 1772 verschiedene Lösungen ausgearbeitet. Das heißt, im Erde-Mond-System gibt es fünf sogenannte Lagrange-Punkte (L), wo das Gravitationsfeld neutralisiert wird. L 1 befindet sich zwischen den beiden Körpern Erde und Mond, L 2 und L 3 liegen außerhalb auf deren Verbindungslinien und L 4 und L 5 bilden schließlich mit den beiden großen Massen – Mond und Erde – jeweils ein Dreieck. Tatsächlich ist das Problem noch weitaus schwieriger, da es sich – unter Berücksichtigung der Anziehungskraft der Sonne – im Grunde um ein Vier-Körper-System handelt.
Für den Anfang ist eine zusätzliche Siedlung auf dem Mond geplant. Der gesamte Ausrüstungsbedarf von fünfzehn- bis fünfzigtausend Tonnen Gewicht für beide Raumstationen müßte in einigen hundert Transportflügen von der Erde an seinen Bestimmungsort befördert werden. Bei täglichem oder ein über den anderen Tag erfolgendem Start wäre eine Installationszeit von zwei Jahren erforderlich.
Als nächster Schritt ist auf dem Mond der Bau einer Startbahn für magnetisch getragene und gelenkte Transportschlitten vorgesehen. Ein solcher Schlitten wiegt etwa zehn Pfund und könnte das doppelte Gewicht zusammengepreßten Mondoberflächenmaterials befördern. Nach einer magnetischen Beschleunigung über zehn Kilometer würden die Schlitten ihre Ladung zum selbständigen Weitertransport in den Weltraum »schleudern«. Danach werden sie abgebremst und für die nächste Ladung zum Startplatz zurückbefördert. Für einen Transportvorgang sind nicht mehr als zweieinhalb Minuten vorgesehen.

Wahrscheinlich könnten diese Transportschlitten zu über sechzig Prozent ausgelastet werden und würden damit jährlich bis zu einer Million Tonnen Mondrohmaterial in den Weltraum befördern. Als Antriebsenergie soll wahrscheinlich Kernkraft eingesetzt werden.

Sobald das Rohmaterial Punkt L 5 im Weltraum erreicht hat, soll es zu den benötigten Endprodukten, wie zum Beispiel Glas, Metall, Keramiken und flüssigem Sauerstoff, verarbeitet werden. Anfallende Abfallprodukte sind zur Weiterverarbeitung für die Herstellung von Strahlenschutzschilden vorgesehen. Darüber hinaus sind in sechs Regionen unterteilte, abwechselnd aus Glas und Metall bestehende riesige Zylinder mit Verschlußkappen an beiden Enden geplant. Die Metallregionen sollen Landschaften mit Bergen, Flüssen und Tälern beherbergen, während an den Glasregionen angebrachte, automatisch regulierbare Außenspiegel das Sonnenlicht für einen »normalen Tagesablauf« nach innen reflektieren sollen. Der atmosphärische Druck im Innern würde dem auf der Erde gleichen. Während der langsamen Rotation des Zylinders um seine Längsachse würden am Zylindermantel mit 1 g Fliehkraft Schwerkraftverhältnisse simuliert, die denen der Erde entsprächen. O'Neill ist der Ansicht, daß die von ihm entworfene »Island Three«-Weltraumsiedlung mit unseren derzeitigen technischen Voraussetzungen über eine Gesamtfläche von achthundert Quadratkilometern ausgedehnt und eine Bevölkerung von mehreren Millionen Menschen aufnehmen könnte.

Mit den heutigen Bautechniken und Materialien wäre

es möglich, innerhalb eines Riesenzylinders eine Landfläche von etwa der halben Größe der Schweiz unterzubringen. Anfangs wären Niederlassungen dieser Größenordnung in jeder Hinsicht unökonomisch. Doch in nicht allzu ferner Zukunft wird die Menschheit wohl kaum umhin können, Weltraumsiedlungen dieser Größenordnung und mit fortschreitender Technologie wahrscheinlich noch größere zu errichten, meint O'Neill.
Die Energieversorgung einer solchen Weltraumsiedlung würde durch einen riesigen Parabolspiegel am Ende eines Zylinders garantiert, der ununterbrochen Sonnenenergie sammelt und speichert. Wenn in der Nähe der größeren Zylinder viele kleinere für landwirtschaftliche und industrielle Nutzung errichtet würden, wäre es möglich, die klimatischen Bedingungen in solche Anlagen für den jeweiligen Verwendungszweck zu optimieren.
Inzwischen wurde das Projekt der O'Neillschen Welten von der NASA als sozioökonomisch verfrüht zurückgestellt. Doch bedeutet das keine endgültige Absage an Projekte dieser Art.

Nach den Vorstellungen von Professor Dr. Harry O. Ruppe, dem Lehrstuhlinhaber für Raumfahrttechnik an der Technischen Universität München, könnten mit dem Projekt Osiris bereits 1997 zwei Astronauten am Marsäquator landen. Sein sechzig Meter langes, 1560 Tonnen schweres Marsraumschiff mit einem Anteil von allein 1300 Tonnen chemischem Treibstoff soll in der Nähe der von den Amerikanern noch zu errichtenden Raumstation Stück für Stück zusammenge-

baut werden. Die vier für dieses Projekt vorgesehenen Astronauten sollen später zum Osiris-Raumschiff »eingeflogen« werden. Nach Ruppes Rechnung soll der Flug zum Mars 255 Tage dauern, der Aufenthalt auf dem Mars 427 Tage, für den Rückflug sind 282 Tage vorgesehen.
Zwei der Astronauten verbleiben im Marsorbit, während die beiden anderen am Marsäquator landen, wo sie mit ihrem mit Nuklearantrieb ausgestatteten »Molab« Erkundungsfahrten zum Südpol in Richtung Marssommer mit 7,33 Stundenkilometern unternehmen. Die Durchführung des Projekts Osiris hängt allerdings von den Amerikanern ab, die bis 1995 eine riesige Raumstation errichten müßten. Allein aus finanziellen Erwägungen erscheint der Zeitplan somit unrealistisch.

Der amerikanische Kongreß bewilligte jedoch bereits ein Budget für die unbemannte Marsexpedition »Mars Geochemistry, Climatology Orbiter« (MGCO). Dieses Projekt erhielt ein Zwei-Milliarden-Dollar-Budget und könnte schon Ende der neunziger Jahre verwirklicht werden.
Gegenwärtig sieht es so aus, als ob die Russen den Amerikanern auf dem Weg zum Mars den Rang ablaufen wollten. Durch ihre monatelangen Aufenthalte in ihrer Raumstation haben sie den Amerikanern in dieser Hinsicht einige Erfahrungen voraus. Zudem scheinen russische Wissenschaftler auch bei der Entwicklung einer neuen Überlebenstechnologie im Weltraum die Nase vorn zu haben. Wenn sie mit dem gleichen Elan weiterarbeiten, könnten für sie schon Ende des

Jahrhunderts bemannte Marsstationen zur »Tagesordnung« gehören – Grund genug für die NASA, in den USA neues Interesse am Mars zu wecken.
Für einen Raumflug ist die Position von Mars und Erde nur alle zwei Jahre optimal. Da der Flug selbst wenigstens zehn Monate dauern würde, bedeutet dies für die Astronauten eine zwei bis drei Jahre währende Abwesenheit von zu Hause. Das größte Problem dabei wäre das »Mußgewicht« eines Marsraumschiffes von rund tausend Tonnen, also zehnmal mehr, als die Apollo-Kapsel, die zum Mond geflogen ist, wog. Die Marsspezialisten in Colorado glauben jedoch, daß der Treibstoffvorrat als Hauptballast weitgehend reduziert werden könnte. Offenbar ist die Marsatmosphäre eine unerschöpfliche Quelle für Kohlendioxid, Wasserdampf, Ammoniak und Kohlenwasserstoff. Das wiederum eröffnet günstige Möglichkeiten für die Sauerstoff- und Wassergewinnung. Zudem sind die vereisten Marspole eine weitere Wasserquelle. Viele Wissenschaftler vermuten sogar Wasser im Dauerfrostboden, das durch Hydrolyse in Wasserstoff und Sauerstoff verwandelt werden kann – ideale Treibstoffe für den Rückflug des Marsraumschiffs.
»Science Applications Inc.« in Illinois hat Pläne für zwei Raumschiffe ausgearbeitet, die zum Mars geschickt werden können – das eine bemannt, das andere unbemannt. Das unbemannte würde im Marsorbit verbleiben, bis die Astronauten mit ihrem Landefahrzeug für den Rückflug ankoppeln.
Die beiden Marsmonde Phobos und Deimos können auch als Energiequelle in Erwägung gezogen werden, da sie zu zwanzig Prozent aus Wasser bestehen. Was-

serquellen sind besonders wichtig, da der Transport eines Liters von der Erde zum Mars mindestens zehntausend Dollar kosten würde. Durch die Nutzung der Wasserquellen auf den Marsmonden könnten die Gesamtkosten für einen Marsflug immerhin um drei auf neun Milliarden Dollar gesenkt werden.

Der NASA-Mitarbeiter Douglas Blanchard ist der Ansicht, daß die ersten Bodenproben der Marsoberfläche in den Jahren 1996–1998 zur Erde gelangen könnten. Dann dürfte es nur noch eine Finanzierungsfrage sein, bis der erste Amerikaner den Mars betritt. Über diese Pläne hinaus gibt es bereits Zukunftsvisionen für eine Kolonisierung des roten Planeten. Durch die sogenannte »Terra-Formung« sollen auf dem Mars unter Anwendung von Hochtechnologien irdische Bedingungen erreicht werden. Durch riesige, im Marsorbit stationierte Sonnenreflektoren ließe sich das Eis der Pole schmelzen. Auf diese Weise würde der atmosphärische Druck steigen und der Planet sich wieder erwärmen. Selbst der im Boden gebundene Sauerstoff könnte durch eine Reihe von Verfahren freigesetzt werden und Hochenergie-Laserverfahren würden zur »Terra-Formung« beitragen.

Auch durch den Einsatz genetisch manipulierter Blaugrün-Mars-Algen zur Fotosynthese von Sauerstoff ließe sich die Marsumwelt positiv verändern. Darüber hinaus wäre es sogar möglich, das Klima des Planeten durch »Verrußung« der vereisten Polkappen zu verändern, das heißt, durch die Abdeckung des Eises mit einer einen Millimeter dicken Ruß- oder Staubschicht. Dadurch würde die Polkappe vom absorbierten Sonnenlicht aufgeheizt und das Eis schmelzen.

Einer bereits 1976 durchgeführten NASA-Studie (On the Habibility of Mars = Über die Bewohnbarkeit des Mars) ist zu entnehmen, daß es keine grundsätzlich unüberwindliche Barriere gibt, die eine zukünftige Bewohnbarkeit des Mars durch irdische Lebewesen ausschließt.
Auch Fortschritte in der Fusions-, Strahlen- und biophysikalischen Technologie innerhalb der nächsten Dekaden werden zu neuen Möglichkeiten für eine Marskolonisierung beitragen.

Wir dürfen gespannt sein, welche Abenteuer irdische Astronauten erwarten, die früher oder später auf dem roten Planeten landen werden, um ihn zu erkunden. Was wird ihnen der Mars offenbaren – künstlich geschaffene Monumente, die Überreste einer einstigen Zivilisation, einer Kolonie? Könnte sich unter der Oberfläche vielleicht ein Geheimnis verbergen – in den Pyramiden eventuell Kammern? Oder hat sich die Natur am Ende als Baumeister all dieser mysteriösen Strukturen einen Scherz erlaubt, uns zum Narren gehalten, so daß der Marsboden doch durch uns Erdenmenschen zum erstenmal vom Leben berührt würde?

15

Schlüsselträger der Zeiten

Ende Januar 1987 veröffentlichte die Max-Planck-Gesellschaft in München einen Forschungsbericht, demzufolge die Schädigung der irdischen Ozonschicht in der Stratosphäre dramatisch zugenommen hat. Die Auflösung der Ozonschicht wird nach Einschätzung des Max-Planck-Instituts für Chemie in Mainz durch Chlor-Fluor-Kohlenwasserstoffe (CFK) verursacht, die in Kühlaggregaten, geschäumten Kunststoffen und in Form von Treibgas in Spraydosen verwendet werden.

Professor Paul Crutzen, Direktor des Mainzer Max-Planck-Instituts für Chemie, bezeichnet die Meßwerte als besonders erschreckend. Mitte Oktober 1986 war zum Beispiel das Ozon in der Höhenschicht zwischen zehn und zwanzig Kilometern über einem Gebiet von rund zehn Millionen Quadratkilometern fast völlig verschwunden.

Schon bei einem Teilverlust der Ozonschicht drohen dem irdischen Leben schwerwiegende Folgen, da die harten ultravioletten Strahlen ungehindert – wie auf dem Mars – die Planetenoberfläche treffen. Auf der Erde ist der Fortbestand des Lebens ohne die schützende Ozonschicht gefährdet.

Es besteht die Wahrscheinlichkeit, daß sich neben dem bereits vorhandenen Ozonloch über der Antark-

tis ein weiteres über dem nördlichen Polargebiet bildet.
Wir werden fast jeden Tag mit Hiobsbotschaften über neue Schädigungen unserer Umwelt konfrontiert: mit Vergiftungen von Flüssen, Seen und Meeren, mit immer größerer Luftverschmutzung, Waldsterben und radioaktiver Verseuchung und – nicht zuletzt, als Konsequenz – mit der Vergiftung unserer Nahrung.
Der Untergang unserer Welt war noch nie so greifbar nah. Die Menschheit ist bereits auf dem Weg zum Selbstmord, weil sie bisher keine Symbiose zwischen Natur und Technik, zwischen Vernunft und Gefühl gefunden hat.

Vorläufig sind Lösungen, selbst für die brennendsten Probleme, nicht in Sicht. So wird beispielsweise die explosionsartig zunehmende Weltbevölkerung im Jahr 2000 auf mindestens sechs Milliarden Menschen angewachsen sein. Hand in Hand damit schreitet die katastrophale Verstädterung und Zersiedelung der Landgebiete fort.
Auf der Ende 1984 in Mexico City abgehaltenen Weltbevölkerungskonferenz ergab sich in diesem Zusammenhang für jeden zweiten Weltbürger die düstere Perspektive, um die Jahrtausendwende als Städter zu enden – gepaart mit der Aussicht, oft unter erbärmlichen Verhältnissen dahinvegetieren zu müssen, insbesondere in den Ländern der Dritten Welt und denen Lateinamerikas. UNO-Statistiken spiegeln das erschreckende Bevölkerungswachstum der Erde wider, vor allem in den Großstädten rund um die Welt. Während noch um 1800 nur drei von hundert Menschen

Stadtbewohner waren, hatte sich ihre Anzahl 1920 bereits auf zwanzig Prozent erhöht.
Noch vor dreißig Jahren war beispielsweise die brasilianische Stadt Sao Paulo kleiner als Detroit, Manchester oder Neapel. Inzwischen ist dieser Moloch auf 25 Millionen Einwohner angewachsen, und es könnte in fünfzehn Jahren den zweifelhaften Ruf der zweitgrößten Weltmetropole erringen.
Wahrscheinlich ist den meisten von uns die Zersiedelung der Landgebiete durch immer neue Straßen, Industriekomplexe und Wohnsiedlungen ein Dorn im Auge. Erinnern sich doch inzwischen schon die Vierzigjährigen wehmütig an eine Kindheit, in der es noch glasklare Gewässer gab, herrliche Baumbestände, gesunde Wälder, giftfreie Nahrungsmittel und frische Luft. Nun ist es bereits so weit, daß der zu unserer Weiterexistenz so dringend erforderliche Sauerstoffgehalt der Luft systematisch eliminiert wird.
Sauerstoff ist zwar das verbreitetste Element auf der Erde, aber davon sind nur etwa 1180 Billionen Tonnen für derzeit knapp fünf Milliarden Menschen in der Atemluft verfügbar, die bis zum Jahr 2030 jedoch für zehn bis zwölf Milliarden Menschen ausreichen sollen.
Um leben zu können, verbraucht ein Mensch in 24 Stunden etwa zwei Pfund Nahrung, zwei Liter Wasser und siebenhundert Liter Sauerstoff. Aber Wissenschaftler rechnen mit der »alarmierenden Möglichkeit« einer Verknappung des Sauerstoffs. Neuesten Berechnungen zufolge werden durch Fotosynthese jährlich 43 Milliarden Tonnen Sauerstoff gewonnen. Es ist jedoch ungewiß, wieviel davon allein

auf die Verwesungsprozesse organischer Stoffe entfallen. Dabei darf nicht vergessen werden, daß die Sauerstoff produzierende Flora immer stärker reduziert wird.
Heute schon ist der Sauerstoffbedarf der Menschen in den Industriestaaten höher als die Sauerstoffproduktion ihrer gesamten Vegetation.
Schon 1966 berechnete der Präsident der Ecological Society of America, Professor La Mont C. Cole, die für die Vereinigten Staaten notwendige Sauerstoffmenge mit etwa 4,45 Milliarden Tonnen. Die auf der Gesamtfläche der USA befindliche Pflanzenwelt produzierte im gleichen Jahr aber lediglich etwas über zwei Milliarden Tonnen Sauerstoff.
Es gibt vorläufig zwar einen gewissen Ausgleich durch den Sauerstoffgehalt hoch aufragender Luftsäulen über den Ozeanen, den Winde über den Globus verbreiten. Doch auch dieses gewaltige Reservoir ist nicht unerschöpflich.
Während sich der Sauerstoffgehalt der Luft ständig verringert, nimmt der Kohlendioxidanteil entsprechend zu. In den letzten fünfzig Jahren ist er bereits um über zehn Prozent gestiegen und wird, Schätzungen zufolge, um die Jahrtausendwende sprunghaft um weitere 25 Prozent steigen.
All diese Faktoren können furchtbare Konsequenzen auslösen:

– Die Verwandlung unserer Sauerstoffatmosphäre in eine Kohlendioxid-Atmosphäre.
– Das Vordringen der Wüsten um jährlich sechzigtausend Quadratkilometer durch die zunehmende Vernichtung der Flora.

- Immer knapper werdende Frischwasservorräte und Absinken des Grundwasserspiegels. Verwandlung der Erde in einen Wüstenplaneten.
- Die gegenwärtig auf der Erde durch Verkehr, Industrie und Agrarindustrie erzeugten gefährlichen Schadstoffe werden früher oder später einen langfristigen Klimasturz – Eiszeit oder Warmzeit, wahrscheinlich aber Eiszeit – verursachen. Hinzu kommt die Verseuchung des Grundwassers, Säureregen und die Zerstörung der Ozonschicht, mit der auch das irdische Leben bis auf wenige Mikroorganismen erlöschen wird.

Die technischen Errungenschaften unserer Zeit, die Wolkenkratzer, die Glas-, Metall- und Betonklötze werden nach Tausenden von Jahren durch Verwitterung, Erdbeben und tektonische Verschiebungen verschwunden sein. Weiter überdauern könnten auf dem kalten Wüstenplaneten Erde einige der uralten, großen steinernen Monumente, wie zum Beispiel einige der Pyramiden oder die steinernen Köpfe auf der Osterinsel.

»Kennt man die Probleme unserer Welt und die meisten Lösungsvorschläge, dann drängt sich unvermeidbar der Eindruck auf, daß die Erdbevölkerung auf eine ausweglose Situation zusteuert. Auf diese Erkenntnis reagieren die meisten Menschen – soweit sie informiert sind –, indem sie solche unheilvollen Gedanken verdrängen und sich einreden, unsere Welt wäre viel zu gut organisiert und technisch zu perfekt, als daß wirklich Bedrohliches passieren könnte. Im Grunde genommen aber empfinden sie Angst.

Angst ist ein Teil des Selbsterhaltungstriebs und somit etwas völlig Natürliches. Normalerweise kann man Angst überwinden, indem man ihre Ursachen beseitigt oder sich einer Gefahr entzieht«, schreibt Gerd von Haßler in »Welt ohne Notausgang«.

Der unkontrollierte technologische Fortschritt läßt sich heute natürlich nicht mehr zurückschrauben. Die Frage ist, ob er noch in gezielte Bahnen gelenkt werden kann, die sich auf den Menschen und seine Umwelt positiv auswirken.
Ein angemessener Weg zur Lösung der die Menschheit bedrohenden Probleme läge in einer internationalen Zusammenarbeit und Gesetzgebung. Doch wahrscheinlich ist es ebenso sinnlos wie naiv, eine derartige Entwicklung zu erhoffen, denn »aus sorgfältigen Berechnungen geht hervor, was die Alternative zwischen Verschmutzung oder Verelendung für die Zukunft von sechs Milliarden Menschen im Jahr 2000 oder zehn bis zwölf Milliarden Menschen im Jahr 2030 praktisch bedeutet:
Die eine Möglichkeit: Wir lassen alles so weitergehen wie bisher. Dann kollabiert unsere Umwelt in spätestens fünfzig Jahren. Das heißt, die Menschen werden Mühe haben, noch trinkbares Wasser, ausreichend genießbare Nahrung und gesunde Luft zum Atmen zu finden. Von der dann existierenden Menschheit wird kaum ein Sechstel – also etwa 1,6 Milliarden Menschen – die folgenden zwanzig Jahre überleben«, sagt Haßler und fährt fort:
»*Die andere Möglichkeit* ist, daß wir ab morgen alle Produkte verteuern, indem wir auf jeden Liter Abgas und Abwasser zusätzlich einen Betrag zahlen, der

erforderlich ist, um unsere Umwelt von der gleichen Menge Abgas und Abwasser wieder einigermaßen zu befreien. In diesem Fall sind zwei Drittel der Menschheit bis zum Jahr 2000 verhungert, verdurstet oder erfroren. Von den heute lebenden 4,7 Milliarden Menschen würden dann also nur knapp 1,6 Milliarden überleben.«

Es liegt also klar auf der Hand, daß der Mensch entweder auf seiner dem Planeten Mars immer ähnlicher werdenden Welt untergeht, oder sich in letzter Minute auf Mittel und Wege besinnt, um die Biosphäre seiner Erde in eine bessere Zukunft hinüberzuretten.

Es dürfte doch wohl nur dann sinnvoll sein, die Planeten unseres Sonnensystems und die Vergangenheit untergegangener Zivilisationen zu erforschen, wenn die daraus gesammelten Erfahrungen zu wichtigen Rückschlüssen für unsere Zukunft führen.

Mit seinen steinernen Monumenten könnte der Planet Mars einen wichtigen Fingerzeig geben.

Der Steinerne Kopf in der Cydonia-Region, die in unmittelbarer Nähe liegende, an ihrer Basis quadratische Pyramide mit den sie umgebenden kleineren, vor allem aber die östlich der Zentralpyramide plazierte, in sich zusammengestürzte Pyramide, deren abgerutschte Seitenwand unter der Vergrößerung einen Innenraum freigibt – wenn sie künstlich errichtet wurden, müssen sie Schlüsselträger eines in der Vergangenheit liegenden Geschehens sein.

Ob künstlich oder natürlich – diese steinernen Monumente sollten uns auf jeden Fall Warnung sein, alles daran zu setzen, damit unsere Zivilisation überlebt.

Literaturverzeichnis und Quellennachweis

Amery C.: Natur als Politik, Reinbek bei Hamburg, 1976
Anders, G.: Die Antiquiertheit des Menschen, München, 1980
Barnett, A.: The Human Species, Harmondsworth, 1961
Bateson, G.: Steps to an Ecology of Mind, Frogmore, 1973
Berry, Adrian: The Next Ten-Thousand Years, Saturday Review Press, 1974
Bethe, H. A.: The Lives of the Stars, The Sciences, Cornell University, Oktober 1980
Big Burst of Gamma Rays Traced to Neutron Star, The New York Times, Mai 1980
Bracewell, R. N.: The Galactic Club, Stanford/Cal., 1974
Breuer, R.: Kontakt mit den Sternen, Umschau, Frankfurt a. M., 1978
Breuer, R.: Das Anthropische Prinzip, München, 1981
Bronowski, J.: Der Aufstieg des Menschen,Frankfurt a. M., 1976
Burbidge, G.: Was There Really a Big Bang? Nature 253, 1971
Buttlar, J. v.: Schneller als das Licht, Düsseldorf, 1972
Buttlar, J. v.: Reisen in die Ewigkeit, Düsseldorf, 1973
Buttlar, J. v.: Zeitsprung, München, 1977
Buttlar, J. v.: Der Supermensch, Luzern, 1979
Buttlar, J. v.: Die Einstein-Rosen-Brücke, München, 1982
Buttlar, J. v.: Unsichtbare Kräfte, München, 1985
Buttlar, J. v.: Sie kommen von fremden Sternen, München, 1986
Capra, Fritjof: The Turning Point, New York, 1982
Carr, B. J. / Hawking, S. W.: Black Holes in the Early Universe, London, 1974
Cosmology and Gravitation: New York, Mai 1979 (NATO Advanced Studies)
Davis, H.: Proceedings, Conference on Space Manufactoring Facilities, New York, 1975
Davies, P.: Am Ende ein neuer Anfang, Düsseldorf, 1979
Dawkins, R.: Das egoistische Gen, Berlin, 1978
De Solla Price, D. J.: Science since Babylon, New Haven, 1961
DiPietro, Vincent / Molenaar, Gregory: Unusual Martian Survace-Features, Glenn Dale, 1982
Dole, Stephen H.: Habitable Planets, Blaisdell/New York, 1970
Donelly, Ignatius: Atlantis, New York, 1971
Drake, Frank D.: Intelligent Life in Space, New York, 1967

Drake, F. D.: Projekt Ozma, 1961
Drake, W. Raymond: Gods and Spaceman in the Ancient West, London, 1974
Dünnenberger, W. / von Däniken, Erich: Neue prähistorische Rätsel in Texas, Ancient Skies, Feldbrunnen/Schweiz, Dez. 1986
Eccles, J. C.: Das Gehirn des Menschen, München, 1975
Eccles, J. C.: Brain and Conscious Experience, Heidelberg, 1966
Eccles, J. C.: Das Geheimnis des Menschen, München, 1979
Farb, P.: Das ist der Mensch, München, 1983
Feinberg, G.: Projekt Prometheus, Olten-Freiburg, 1970
Feinberg, G. / Shapiro, R.: Life beyond Earth, New York, 1980
Fiebag, Peter u. Johannes: Aus den Tiefen des Alls, Tübingen, 1985
Freitas, Robert A., jr.: The Search for Extraterrestrial Artifacts, London, 1983
Freitas, Robert A., jr.: Extraterrestrial Intelligence in the Solar System, 1983
French, Bevan M.: Mars: The Viking Discoveries, NASA EP-146, 1977
Fritzsch, H. / Decker, U.: Was sind eigentlich Quarks? Bild der Wissenschaft Nr. 6, 1981
Gadow, Gerhard: Der Atlantis-Streit, Frankfurt a. M., 1973
Galton, F.: Inquiries into Human Faculty and its Development, London, 1883
Grantham, A. E.: Hills of Blue, London, 1927
Green, C.: The Decline and Fall of Science, London, 1976
Gribbin, J.: Genesis, New York, 1981
Gruhl, H.: Ein Planet wird geplündert, Frankfurt a. M., 1978
Gursky, H. / Ruffini, R.: Neutron Stars, Black Holes and ... Dordrecht, 1975
Haßler, Gerd v.: Welt ohne Notausgang, Bern, 1984
Haßler, Gerd v.: Rätselhaftes Wissen, Bergisch-Gladbach, 1984
Hart, M. H. / Zuckermann, B.: Extraterrestrials: Where are They? New York, 1982
Hart, M. H.: Habitable Planets around Main Sequence Stars, Icarus, 1979
Hartmann, W. H. / Raper, O.: The New Mars, NASA SP-337, 1974
Hawking, S. W. / Ellis, G. F.: The Large Scale Structure of Space-Time,Cambridge, 1973
Hawking, S. W. / Sachs, R. K.: Causally Continuous Space-Time, Cambridge, 1974
Heppenheimer, Thomas A.: Colonies in Space, Harrisburg, 1977
Hooke, A. A. J.: Mariner Mars Spacecraft, Space flight, 1973
Hoyle, Fred / Wickramasinghe, N. C.: Evolution aus dem All, Berlin, 1981
Hoyle, Fred: Diseases from Space, London, 1979
Jastrow, Robert: Until the Sun Dies, New York, 1977
Jaspers, K.: Vom Ursprung und Ziel der Geschichte, München, 1963
Knußmann, R.: Der Mann ein Fehlgriff der Natur, Hamburg, 1982

Köhler, H. W.: Neue Möglichkeiten der Weltraumfahrt, Universitas, 1980
Koestler, A.: Der Mensch Irrläufer der Evolution, Bern, 1978
Krassa, Peter: ... Und kamen auf feurigen Drachen, Wien, 1984
Lissner, Ivar: Die Rätsel der großen Kulturen, Olten, 1961
Loesch, H. V. / Nußbaum, H. v.: Stehplatz für Milliarden, Stuttgart, 1974
Lowell, Percival: Mars, Boston, 1896
Lowell, Percival: Mars and Its Canals, New York, 1908
Mars as Viewed by Mariner i: NASA SP 329, Washington, 1979
Martian Landscape: Viking Lander Imaging Team, NASA SP-425, Washington, 1978
Mavor, James: Reise nach Atlantis, Wien, 1969
Mendelssohn, Kurt: Das Rätsel der Pyramiden, Bergisch-Gladbach, 1974
Meyer-Abich, K. M. / Birnbacher, D.: Was braucht der Mensch, um glücklich zu sein? München, 1979
Morrison, P. / Billingham, J. / Wolfe, J.: The Search for Extraterrestrial Intelligence, NASA SP, 1977
Muck, Otto: Alles über Atlantis, Düsseldorf, 1976
NASA-Ames Study: Summer Study on Space Colonization, Stanford, 1975
NASA: The Martian Landscape, NASA SP-425, Washington, 1978
Nicolis G. / Prigogine, I.: Self-Organization in Nonequilibrium Systems, New York, 1977
O'Neill, K. G.: The High Frontier, London, 1976
O'Neill, K. G.: The Low (Profile) Road to Space Manufacturing, Astronautics and Aeronautics, 1977
O'Neill, K. G.: Space Colonies and Energy Supply to Earth, Science, Astronautics and Aeronautics, 1975
Orgel, L.: The Origins of Life ..., New York, 1973
Papagiannis, Michael D.: The Need to Explore the Asteroid Belt; Rede a. d. 33. Congress of the International Astronautical Federation, Paris, 1982
Paul, G.: Unsere Nachbarn im Weltall, Düsseldorf, 1976
Pfeiffer, John, E.: Aufbruch in die Vergangenheit, Düsseldorf, 1981
Puttkamer, Jesco v.: Developing Space Occupancy ... NASA, 1976
Puttkamer, Jesco v.: The Last Day of the Old World, Spaceflight, 1979
Puttkamer, Jesco v.: The Industrialization of Space, The Futurist, 1979
Puttkamer, Jesco v.: Humanization Beyond Earth, Life in the Universe, 1979
Puttkamer, Jesco v.: The Industrialization of Space: Transcending the Limitis to Growth, The Futurist, 1979
Puttkamer, Jesco v.: Der erste Tag der neuen Welt, Frankfurt a. M., 1981
Ridpath, I.: World Beyond, New York, 1975

Rosen, Stephen: Future Facts, London, 1976
Ruppe, H. O.: Die grenzenlose Dimension, Düsseldorf, 1980
Sagan, Carl: Murmurs of Earth, New York, 1978
Sagan, Carl / Shklovskij, I. S.: Intelligent Life in the Universe, San Francisco, 1966
Sagan, Carl: The Cosmic Connection, Dunton Green, 1974
Sagan, Carl / Drake, F.: The Search for Extraterrestrial Intelligence, Dunton Green, 1975
Sagan, Carl: Broca's Brain, Dunton Green, 1979
Sagan, Carl / Agel, H.: Nachbarn in Kosmos, München, 1975
Sagan, Carl: Unser Kosmos, München, 1982
Schendel, I. R.: Are Blazers Quasars?; Astronomy, Univ. Pittsburgh, Februar 1980
Schmidtbauer, W.: Evolutionstheorie und Verhaltensforschung, Hamburg, 1974
Shipman, H.: Black Holes, Quasars and . . ., Boston, 1976
Spanuth, Jürgen: Atlantis – Heimat, Reich und Schicksal der Germanen, Tübingen, 1965
Taylor, Edwin F. / Wheeler, John A., W. H. Freeman: Space Time Physics, London, 1963
Taylor, J. G.: New Worlds in Physics, London, 1974
Taylor, R.: Exploding Galaxies, AdAstra, 1979
Tipler, F. J.: Extraterrestrial Intelligence, Physics Today, London, 1982
Toffler, A.: Die Zukunftschance, München, 1981
Tomas, Andrew: Wir sind nicht die ersten, Bonn, 1972
Viking 1 Mission Results, Science, 1976
Viking 2 Mission Results, Science, 1976
The Viking Mission and the Question of Life on Mars, Journal of Molecular Evolution, Berlin, 1979
Wallace, Alfred Russell: Is Mars Habitable? London, 1907
Weizsäcker, C. F. v.: Der Garten des Menschlichen, München, 1977
Wendt, Herbert: Ich suchte Adam, Reinbek, 1985
Wolfe, J. H. / Edelson, R. E. / Billingham J. / Crow, R. B. / Gulkis, S. u. a.: The Search for Extraterrestrial Intelligences: Plans and Rationals, Cambridge, Life in the Universe, MIT Press, 1981
Young, J. Z.: An Introduction to the Study of Man, Oxford, 1974

Register